U0258518

LEAF
SUPPLY

A GUIDE TO KEEPING HAPPY HOUSEPLANT

室内绿植完整手册

［澳］劳伦·卡米雷利（Lauren Camilleri）　［澳］索菲娅·卡普兰（Sophia Kaplan）—— 著

陈晓宇—— 译

中信出版集团｜北京

图书在版编目（CIP）数据

室内绿植完整手册 / (澳) 劳伦·卡米雷利, (澳) 索菲娅·卡普兰著 ; 陈晓宇译. -- 北京：中信出版社，2019.11（2025.1重印）

书名原文：Leaf Supply

ISBN 978-7-5217-1013-7

Ⅰ.①室… Ⅱ.①劳…②索…③陈… Ⅲ.①园林植物－室内装饰设计－室内布置－手册 Ⅳ. ①TU238.25-62

中国版本图书馆CIP数据核字(2019)第202603号

室内绿植完整手册

著　者：[澳] 劳伦·卡米雷利　[澳] 索菲娅·卡普兰
译　者：陈晓宇
出版发行：中信出版集团股份有限公司
　　　　　（北京市朝阳区东三环北路27号嘉铭中心　邮编　100020）
承 印 者：北京雅昌艺术印刷有限公司

开　　本：787mm×1092mm　1/16　　印　张：16　　字　数：139千字
版　　次：2019年11月第1版　　印　次：2025年1月第10次印刷
京权图字：01-2019-3331
书　　号：ISBN 978-7-5217-1013-7
定　　价：98.00元

LEAF
SUPPLY

CONTENTS 目录

INTRODUCTION

前 言

我们这些城市居民，愈发渴望亲近自然。蜗居林立的高楼，绿色空间毕竟有限，把自然引入室内多少能满足我们的渴望。用茂盛的绿植填满家中每个角落，或是在工作台上错落有致地摆上几株仙人掌，室内植物会带来意想不到的改变——它们使空间变得柔和，且富有视觉冲击力。有了植物，原本不过是追赶时髦的空间变成了我们重获新生的避难所。

你可能觉得我们有点儿夸大了植物的作用，但在我们心中，它们就是这么棒。我们坚信，充满绿植的空间是人类的最佳栖居地，这么说绝不为过。除了貌美，植物还有一种经久不衰的吸引力：它们是生命，能持续生长进化。关心照料植物能带来巨大回报。看新叶舒展，看植株茁壮成长，让人身心舒畅。

而且，相当多的科学研究表明，植物对人类有益。美国国家航空航天局的清洁空气研究（Clean Air Study）显示，许多常见的室内植物能净化空气。它们生来就有祛除甲醛、苯等有毒物质的能力，这些有毒物质多来自油漆、胶水和各种日常生活用品。此外，植物还能吸收二氧化碳，释放氧气，提升空气质量的同时增加氧浓度，这一功能对我们身心皆有益处。另有研究发现，人们的生产力和创造力都会因植物的存在而提高。简单来说，植物能让人开心！

我们写这本书的目的很简单，就是传播对植物的爱。这本书准备了养护绿植所需的基本常识，让您在家里打造一个微缩的自然世界。除此之外，还想让人们了解更多不常见

植物能让人开心，并且我们坚信，充满绿植的空间是人类的最佳栖居地。

> 植物带来清新的空气、自然的美还有无尽的活力。波士顿蕨和橡皮树茂盛的绿叶缓解了几何线条的僵硬，白色墙面和木制品衬托出它们的生动。

∧ 还有比刚学会走路的孩子搭配刚长出新叶的龟背竹更可爱的画面吗？

< 书架景观真的值得推荐，所以让绿植（还有植物书）填满你的书架，然后拍下来分享到网上吧！

的室内植物，与植物迷们分享我们所掌握的稀有品种的知识。我们迫不及待要分享与植物相处的乐趣。

如今室内植物的种类丰富多样，从传统的棕榈类和喜林芋属到不常见的海芋属和空气植物，不一而足。我们会在这本书里带您深入探索它们，包括各种常见或不常见的品种，希望能帮您找到最心仪的植物。跟我们一起欣赏常绿的热带植物吧，多肉、仙人掌，甚至一些稀有品种，希望能启发您开始打造或是拓展您的室内丛林。

说到照料植物，很多人都缺乏信心。确实，一开始信心满满的园丁会因为害怕养死一株植物而打退堂鼓，失去享受丰硕成果的机会。但如果说"有些人天生就是植物杀手"，这恐怕是无稽之谈。在我们的帮助下，只要掌握正确的知识，任何人都能养活植物。《与植物一起生活》这一章，我们分享了各种照料植物的诀窍和技巧，这些信息能让你的室内花园生机勃勃。

在本书的写作和插图拍摄期间，我们有幸受邀参观了一些植物爱好者精心打造的绿色空间。对植物达人的采访能让你们也一饱眼福，这可是学习的好机会——看别人如何把植物巧妙地融入家居和办公空间。这些植物爱好者对人与植物的关系有深刻见解，深知植物如何影响生活，即便是园艺新手也会因此燃起斗志，欣然迎接绿色的朋友。

看完本书，我们希望您能从全新的视角去欣赏植物，赞美它们的形状、结构、质感和色彩，学会照料它们，能活用各种器皿和工具为它们设计造型，把自己的小世界打造得更健康、更有活力。伙伴们，一起把生活变成绿色吧！

ING

ANTS

与 植 物 一 起
生 活

◀ 选择植物的时候要思考用什么容器。容器的趣味性是另一个值得考虑的问题！

一定要记住这点，即便是最坚强的植物也需要照料和关心，这样它们才能开心健康地成长。我们会在这一章详细叙述照料植物的基本常识：水、光照、温度、湿度、土壤与肥料，以及如何选择合适的花盆。这些内容让你有信心栽种一片茂盛的室内丛林，开始与植物一起的新生活。

从这里开始

购买第一株室内植物之前，需要考虑很多因素。保证生长所需的光线，是让室内植物健康快乐的最佳途径。想养一株仙人掌，却没有自然光线照进房间，结果只能收获一株愁眉苦脸的刺球。任何喜阳植物，比如仙人掌或鹤望兰，都应该放在窗台或是光照充足的阳台。

还要考虑住所的大环境。你住在热带还是干燥凉爽的地区？你的房子每个房间光照条件如何？你会细心照料植物还是有可能忘记这些小家伙？相信我们，上述种种环境和条件都有适合的植物。

最佳位置

评估完空间的光线和温度之后，就可以决定在哪里让植物舒枝展叶了。这个空间决定了将要种植的植物的尺寸和形状。想在架子上放置绿植，可以选择蔓生植物，让枝叶垂向地面；一个被遗忘的角落可以用一株体量较大的植物彰显其存在。

是时候去寻找灵感了。这本书里有美不胜收的绿色空间，植物造型设计的绝佳创意，还有各种室内植物，一定能让你找到最合适的品种打造自己的室内丛林。翻翻杂志，上网搜一搜，或者参观朋友的家，绿色的灵感到处都有。

保证
生长所需光线
是让室内植物
健康快乐的
最佳途径。

开始购买

你已经决定了梦想的植物,去找到它吧。你应当直接到本地苗圃,亲自查看植物状况。或许你已经选中了某株植物,最好还是去看看它是否处于最佳状态。叶片鲜艳有光泽,株型饱满,新叶勃发,这些都是植物健康的标志。选择任何没那么完美的植物,都有可能导致让人头疼的后果。

带它回家

终于把新植物带回家了,你迫不及待地想让它和家里的绿色朋友打成一片。但是,请等一下!新来的植物最好先隔离一段时间,保证没有害虫或任何疾病传染给其他植物。让新植物待在与最终选定位置相同的生长环境,并且从一开始就定期浇水,这两点是非常重要的。通常情况下,植物在新的地方会承受一定程度的压力。离开温室的最佳生长环境,接受比之前更低的光照和湿度,植物在适应初期会落叶。如果只是下方的叶子少许脱落,那就不用担心。但假如持续落叶,就有可能是选择的地点不适合生长。植物一般喜欢待在一个地方,但也不要怕到处移动,直到为它们找到最合适的地方。

位置一旦确定下来,这些宝贵的绿叶从此刻开始就要仰仗你的照顾了。你的心里或许还有一丝恐慌,相信我们,你能行!继续读下去,就会拥有植物养护必备的知识,然后尽情享受与植物一起的长久的快乐生活!

︿ 优雅精致的园艺工具为植物增添欢乐！看上去还很专业呢！

‹ 每周留出一天给植物浇水。但别忘了定时查看它们的状况，确保生长需求得到满足。

SOIL + FERTILISER

土壤与肥料

从这部分开始总没错，因为种子或插条的根会从土壤中萌发。土壤是保证室内植物茁壮成长的关键，它能为根部储存水和营养物质，同时适当排水，保证根部不积水。它还能让空气循环，这样根部才可以吸收氧气。

值得一提的是，尽管叫作土壤，大部分商业生产的盆栽土里没有任何泥土，而是有机物与无机物的混合，富含营养物质。泥炭是主要成分，让盆土更轻的同时提高保水量。喜欢湿润的植物，比如蕨类和秋海棠，在泥炭为主的混合基质中生长良好，因为这种盆土保湿力强。

沙生植物，如各类仙人掌和多肉植物，偏爱干燥的环境。最适合仙人掌和多肉的土壤是颗粒粗糙的沙质土。这类植物不需要经常浇水，因为它们能快速吸收水分并储存在肉质茎中。所以养护关键是排出多余水分，避免植物过多吸收水分或者根部浸泡在潮湿的土壤中。

不管种什么，在装盆之前都要考虑植物与土壤的关系。

一些有用的术语

盆土：粗细不同的无机物颗粒与处于不同分解阶段的有机材料的混合物。

pH值：土壤的酸碱度，数值在0～14之间。土壤的pH值影响植物生长。

蛭石：一种能提升排水和通气的无机矿物质，同时有助于保持水分和营养物质。

珍珠岩：一种土壤中的无机物，可以提升通气和排水。

泥炭：泥沼（有机物在地下经历千万年分解形成的物质）碳化形成的海绵状结构的物质，排水顺畅，又能保持一定湿度，与沙土混合可用于扦插繁殖或栽培基质。

水苔：这种苔藓比泥炭的纤维更长，可做兰花盆土或吊篮内衬。

扦插用沙：一种非常粗糙的水洗沙——接近沙砾，但是没有细微的颗粒。扦插用沙与水族箱的沙石是同一类，通常被称为粗沙、河沙或是水洗花岗岩沙。广泛用于繁殖种子和插条，常与泥炭或蛭石混合。

沙子：通常加到混合基质里加快排水。因为粗糙的沙子不能很好地保持湿度，沙质土干得很快，对偏好小口喝水的仙人掌和多肉来说是理想选择。注意要用园艺沙或洗过的沙子，避免出现盐类和其他杂质。

活性炭：除酸后的中性土壤。活化的过程让其更多孔，也因此具有更强的吸收力。炭擅长吸收和消除湿润土壤产生的各种异味。铺在花盆或容器底部，能增加排水力，以及抗菌性。

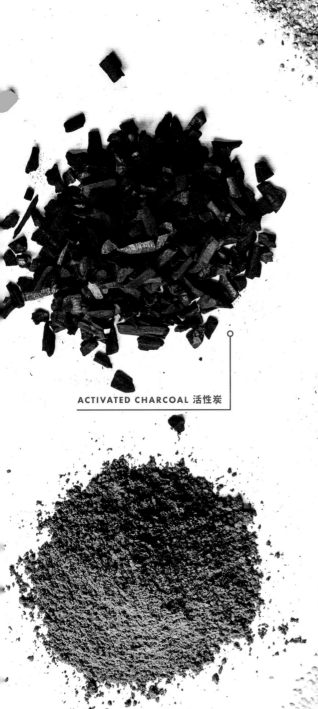

VERMICULITE 蛭石

PEAT MOSS 泥炭

ACTIVATED CHARCOAL 活性炭

PERLITE 珍珠岩

SAND 沙子

植物的食物

阳光赋予植物活力与能量，但是矿物质只能从空气、水和土壤中吸收。很多室内植物不需要太多养护，有时不施肥也能长得很好。虽说如此，肥料能支持和促进植物生长，让它们更有生机。准确的施肥时间和施肥量很关键，过量施肥会导致叶片灼伤。下面是一些施肥小技巧。

植物健康生长、枝繁叶茂需要三种关键元素：氮、磷、钾。一般的肥料都含有丰富的氮元素，刺激植物生长，令叶色变绿；而那些含磷的肥料能让植物绽放花朵；钾肥增强植物冬季的养分供应。对大多数绿叶植物来说，富含氮元素同时具备一定量的磷和钾的肥料就能让你的植物枝繁叶茂。

缓释液体肥料最适于室内植物。使用液体肥料再谨慎也不为过，要比肥料使用说明还要缓慢地施肥，确保不会烧伤植物宝贵的叶子，之后可以不断增加用量。缓释肥料，把营养物质压缩成难于分解的小颗粒，并播撒到土壤中，在相当长的一段时间内为植物提供养分。植物快速生长阶段更适合施肥，此时它们最能处理和利用额外的氮元素。这个阶段如果肥料不足，就没有足够的养料过冬。尽量使用有机肥料，施肥的植物要尽量远离儿童和宠物。

肥料能
支持和促进
植物生长，
让它们更有生机。

土壤的关键

尽可能使用高质量有机盆土，为不同植物种类分别调配专用基质。

排水良好

增加蛭石或珍珠岩能够让排水更容易，提升透气性的同时保存珍贵的养分。

保持湿润

增加泥炭或堆肥能保持土壤的湿润。

疏松的沙质土

以沙石为主的基质，能让水快速从根部排出，是沙漠植物的完美居所。

WATER

水

❯ 把大盆植物聚在一起淋浴可以节省时间，不仅能把植物浇透，还能让多余的水顺利排出。

说到植物养护，人们最常犯的错误就是过度浇水。过分的善意就这样杀死了你的植物宝贝。

首先要明白一点，植物需要的水量同接受的光照密切相关，植物吸收的水分和光照要达成平衡。一般来说，接受光照越多，生长越快，需要的水分也就越多。季节也会影响水分和光线的平衡，温度较低的月份，光照减少，温度降低，植物进入休眠期，需水量也相应减少。

很多变量会影响对植物需水量的准确判断。虽说大部分绿叶植物一周浇透一次即可，但还是要定时查看确保它们的需求得到满足。养成每3~4天查看植物的习惯，及时了解它们的生长状况。

给观叶植物浇水的时候，最好等到土壤干透了再浇，这样根部不容易积水。查看植物是否缺水，只要把手指伸到盆边土壤里，表层5厘米的土壤干掉，就可以浇水了。轻轻抬起植物的叶片，向土中加温水直到底部排水口有水流出。让植物吸水30分钟，接着把托盘里剩下的水倒掉。在淋浴间或户外给植物浇水也不错，这样多余的水分很容易排出。

仙人掌和多肉植物的水分需求有所不同。给这些家伙浇水不用那么频繁，因为它们会在肉质茎里储存水分。很多人会给多肉喷水或喷雾，这是常见的错误，最有效的灌溉方式是直接用水管或是水壶一次浇透，等到土壤干透了再浇。每两周或一个月浇一次，是照料此类植物的关键，尤其在天气潮湿的时候。它们在较冷的月份进入休眠期，此时需要的水分更少。

浇水的关键

定期把手指放到土壤表层，是监测植物水分需求的最好方式。注意季节的不同会影响浇水频率，通常情况下温度较低的月份植物的水分需求减少。

低频率

大概两周浇一次，或者在土壤基本干透的时候浇水（即不干不浇）。

中等频率

一周一次，或者在土壤表层5厘米干燥的时候浇水（即间干间湿）。

高频率

一周两次，土壤表层变干的时候浇水（即见干见湿）。

喷雾

用喷壶一周给植物喷水一次，提升湿度。

液体黄金

保守估计，我们大多人都是直接用自来水给植物浇水。一般来说，没什么大问题，但是对某些植物来说，可能是个灾难。自来水，因为水源的关系，往往含有盐和矿物质的混合物，它们会聚集在土壤中，妨碍植物吸收养分，进而抑制植物生长，危害它们的健康。我们的绿叶朋友最喜欢从天而降的水分——雨水，所以当云朵在头顶聚集的时候，赶快把植物搬出去，让它们喝个够。

对居住在城市公寓的人来说，很少有机会让植物在外面淋雨，所以这里分享一个小技巧——让自来水在水壶或水桶里静置至少24小时，然后再用来浇水。水中的氯或氟沉淀，于是就有了不含氯的水，这样就可以让你的植物喝个够。食虫植物是例外，它们对水更敏感，只能浇雨水、去离子水或蒸馏水。

LIGHT + TEMP

❯ 轻巧明亮的窗台上，老乐柱沐浴在阳光里。

光照与温度

通常情况下，植物的存活离不开光照。通过光合作用，植物利用光、水和二氧化碳合成食物，同时释放氧气到空气中。当然，不同的植物需要不同强度的光照，在光照条件合适的位置，它们才会快乐成长。

本书中每个植物的介绍都标注该物种最适宜的光线条件，有的喜阴，有的在明亮的直射光或间接光才能茁壮成长。

大部分绿叶植物和丛林仙人掌在明亮的间接光照下生长最好，也就是说没有直射光灼伤叶片，又有足够的光照强度促进生长，所以最好放在朝北的窗台。密切关注射入光线，确保叶子不被灼烧。

沙漠仙人掌和多肉植物都喜欢日光浴，吸收最强的光线。能够接受早晨直射光的窗台，是它们最理想的位置。即便是仙人掌也可能晒过头，所以尽量避免午后强光；或者慢慢让它们适应越来越强的光照，逐渐接受下午的直射光。

大部分开花植物比不开花植物需要更多光线。因为比在自然环境中接受的光照少，许多长在室内的开花植物没能开花。叶茎布满彩色斑点的彩叶植物，也需要更多光照。这种不常见却备受推崇的性状，如果获取光线不足，会逐渐消失，植物最终变回非彩叶的原状。

对于居住在光照不足的公寓里的朋友来说，希望还是有的。选择喜阴的植物，比如雪铁芋或绿萝，不时让它们在阳光下放个假即可。

冬季，太阳在天空较低的位置，这意味着春夏充满阳光的地方会变得更暗淡。此时，最好给室内植物换换位置，保证它们的光线和温度需求得到满足。植物花架让位置的选择更多，同时高度也有了变化。另一个很有用的办法是，每个月清理植物的叶子，可以淋浴，也可以用布擦拭，让叶片充分接受阳光。

1 伦敦哈克尼区的一家植物商店。——译者注

闷热潮湿的环境

季节转换之时，需要更加关注室内空间的湿度和温度，这会影响植物一整年的生长。湿度与空气中的水蒸气含量有关。干燥的环境，会让营养物质汇集，可能导致肥料烧伤——叶片上出现讨厌的棕色斑点。相反，潮湿的环境中植物吸收过多水分，容易腐烂、滋生真菌和霉菌。

一般来说，叶片越薄，越喜欢潮湿的环境。肥厚、坚韧或蜡质及表面有茸毛的叶片，相对来说更能适应干燥的空气。蕨类等热带植物是湿度的头号粉丝。如果你的居住环境向来干燥，蕨类可以在你的浴室茁壮成长，也会为室内空间增添异域风情。

如果你的植物开始卷叶或者叶缘变棕，或许因为空气过于干燥。可以尝试每隔几天用喷雾器给叶子喷水来提升湿度。最好在早晨用温水喷洒，这样叶子有一整天时间干燥。把植物放在装满水和石头的托盘里，也是有用的技巧。这能给植物创造湿润的环境，小石头的作用是确保植物不会浸在水中而导致烂根。

提升湿度的另一种途径是把植物聚在一起。植物通过叶片释放水蒸气，这一过程称为蒸腾作用。植物聚在一起，形成一个更湿润的微气候，其中的每一株都因此受益。如果这些都没用，而你一定要养喜湿的植物，那就只能用上加湿器了。这玩意儿能提升整个房子的湿度，喜欢湿润的小家伙也就满足了。

通常，光合作用的最佳温度是25℃，不过大部分植物最适应18～25℃的温度范围，偶尔的炎热干燥和夜间温度的降低也不是大问题。温度和湿度的剧烈变化，对观叶植物来说是最致命的。温度较低的月份，让你的植物远离极端寒冷的干燥天气，同时不能过于靠近取暖器，不然它们会变得过分干燥以至容易遭受叶螨等虫害。

想也知道，大部分多肉和仙人掌（除了丛林仙人掌，见本书163页）偏爱沙漠环境，所以在浇水的间隙，一定让空气和土壤变干。极端潮湿的环境中，干燥器能提供额外帮助，极大地降低空气湿度。通风是所有植物都要考虑的另一个因素，对降低湿度来说尤其重要。为了你的植物伙伴，不时开窗通风吧。

光照的关键

光照条件随季节变化，所以要相应地移动植物确保光照条件得到满足。

中低强度光照

可以忍受阴凉，也能在明亮的非直射光线下生长。

明亮的间接光

喜欢明亮的反射光，避免阳光直射。

明亮的直射光

喜欢明亮的光线，能够忍受和享受直射光。

PROPAGATING

繁殖

**况且实际上
无性繁殖是扩大
室内植物收藏的
最佳方式。**

我们都知道，植物是有魔力的伙伴，更让人惊喜的是很多从植物上剪下的叶片、枝干或根部都能长成新的植株。不小心碰掉路边花园里一两块多肉并为此感到内疚是常有的事。不用内疚，这时与朋友分享碰掉的叶片就能弥补对那几株多肉的伤害，况且实际上无性繁殖是扩大室内植物收藏的最佳方式，几乎没有什么成本。与朋友分享和交换植物是件很有趣的事，利用朋友赠送的各种新品种的插条，就可以建起一座独一无二花园。我们常常要剪掉乱长的枝叶，无性繁殖是充分利用这些枝条的最好办法。

几年前，我参观朋友妈妈的多肉花园，短短一下午收集的叶片竟然在我的阳台角落组成了一个茂盛的多肉花园。多肉是最容易繁殖的植物之一，不过观叶植物也能轻松再生。接下来就为大家详细介绍不同的无性繁殖方法，以及一些有用的技巧。

通常，繁殖的最佳时段是植物的生长期，一般在春夏温度较高的月份，确保母株处于最佳状态再剪取部分枝叶，这样才最有可能成活。

繁殖的方法很多，方法的选择取决于植物的种类。

分株

芦荟属和虎尾兰属等植物会长出侧枝，植株基部四周还会冒出幼苗。在剪取这些侧枝的时候要格外小心，以获得尽可能多的脆弱的根部，让植物更有机会存活。用锋利的刀子小心剪掉侧枝，然后插到盆土中，像呵护孩子一样精心照顾。初期注意不要浇太多水，因为根部仍在发育。

适于分株繁殖的植物还有十二卷属植物和镜面草。

子株分株

子株本质是缩小版的完整植株，枝干或匍匐茎的顶端自然形成的无性生殖的产物。当子株的叶子和根长到一定大小，就能作为新的植株独立生长。只要剪掉子株，插进排水良好的标准盆土中即可。吊兰最适于子株繁殖，健康的母株可以长出许多子株。

茎插

这种繁殖方式适用于很多常见室内植物，包括但不限于绿萝、龟背竹和秋海棠。可以把剪下来的枝干插入盆中，或者直接放进装满水的花瓶里。

选择健康的枝条，以一定角度斜切，切口保持平整。轻轻地去掉下方的叶片和任何其他容易腐烂的幼嫩部分，因为枝条要集中精力生根而不是长叶。把枝条插进盆土或是直接放到过滤水中，几个月后一旦开始生根，就可以移植到选定容器中。

仙人掌或多肉剪下的枝叶，要放到外面风干几个小时甚至一天，之后再放到肥料或水中。风干过程中，枝叶粗糙的切口被封住，减少了移植后腐烂的可能性。

叶插

轻轻地把叶片从枝干上扭下，保证叶片的完整。让叶片风干1~3天，确保切面结痂，这样在浇水的时候不会吸收过多水分。底部蘸取生根素（如果用生根粉，要去除多余的粉末），其三分之二处插进土壤中，叶片朝向外面，然后轻轻按压周围的盆土。

可以通过叶插繁殖的植物有虎尾兰、蟹爪兰、雪铁芋和翡翠木。

分根

我们还可以把一些植物分成两株甚至更多。白鹤芋属和波士顿蕨等可以被分成新的植株。早春是最适于分根的季节，而且非常容易操作。首先，把植物从盆里取出，拇指放在正中间，双手抓住植株分成两半。如果分不开，去掉根部的土壤再次尝试分离，或用刀切开。接着把新的植株丢到盆里，多浇水。接下来的几周保持土壤各处湿度均匀以促进根部的愈合与扎根。

VESSELS

容器

为你的植物
找到合适的花盆。
这个过程中，
既要考虑功能，
又要琢磨美感，
两者同样重要。

选择合适的花盆

为植物搭配手工陶瓷花盆，其中的美妙不言而喻。陶瓷这种天然的有机材料最适于展现绿植的自然之美。我们喜欢让植物呈现优美造型，此时它们栖身的容器将发挥重要作用。花盆的选择很多，各有优劣。

为室内绿植选择合适的居所，不仅要考虑美感，根球大小和植物高度也是重要因素。为了避免频繁换盆，你需要一个能让植物伸展的花盆。另一方面，把植物移到比当前花盆大得多的花盆中，根部要承受巨大压力，增加的土壤会导致含水量的增加，根部腐烂在所难免。所以在换盆的时候，选择比原盆直径大2～4厘米的花盆，植物就不会被压垮。

排水是另一个关键因素，所以最好使用底部有洞的花盆，同时用托盘收集多余的水分。

花盆的材料也会影响植物的生长，下面来看看有哪些可供选择的花盆。

陶土花盆

陶器似乎是种植的首选。从传统的锥形花盆，到纹理粗糙多变的新型花盆，每种植物都能找到适合的陶土花盆。陶土的

质朴与绿叶相得益彰，大小形状不一的几盆摆在一起，是绝佳的视觉享受。陶土花盆做旧很容易，把它们丢到后院或者大门口几个月就能获得完美的岁月风化的痕迹。使用的时候，有几点要注意：它们会过滤土壤的水分，所以要给陶土花盆的植物多浇水；无论盆的厚度如何，水中的矿物质会最终渗透到花盆外面，在外层形成牛奶状的沉淀。有些人可能不喜欢，但是这种沉淀能给花盆增添个性和沧桑感。

手工陶瓷花盆

泥土丢到制陶轮上，手工揉捏或是大规模生产，随意造型，施以各种釉料，选择不同烧制手法，最后加上各类装饰，陶瓷花盆就这样做成了。我们热爱发掘本地制造商或陶瓷艺术家的作品，他们为我们的植物创造了各种新鲜美妙的容器。

手工陶瓷或陶土花盆在至少900℃的高温中烧制而成，植物可直接栽种其中。未上釉的陶瓷会有孔隙，所以一些养分也会渗透到盆外，长此以往会影响盆的稳定性。釉料能封住孔隙保护花盆，同时增加装饰性。

塑料花盆

从当地花店买回家的植物往往装在朴素的塑料花盆里。这些实用的、但确实相当无趣的容器有很好的排水性，在换盆之前可以让你的植物至少存活几个月。从功能角度来说，把植物种在塑料花盆中没有任何问题，但是从美学角度来说，你或许想给植物一个更有趣

陶土会滤掉土壤中的水分，所以更要频繁地给种在陶土花盆的植物浇水。

❤陶土花盆和手工陶瓷花盆排成一列，赏心悦目。

胸器造型的花盆增添古怪趣味，让你的植物活泼起来。斑驳的陶瓷碗则是苔玉的最佳容器。

的家。双层盆——把塑料花盆放在其他材质的容器中——是隐藏塑料盆的最佳方式，让植物装扮一新又避免给它们过多压力。这样浇水也变容易了，因为我们可以轻松地把塑料花盆放入水槽或者搬至户外，让植物好好喝个够。任何花盆都可以用作塑料花盆的外饰，而且不露出塑料花盆的边缘最好。

用棉布或牛皮纸包裹塑料花盆也是不错的短期装饰，尤其在送礼的时候。除非花盆带有托盘，不然要定期解开包裹再给植物浇水。

吊盆

对蔓生植物来说，吊盆是最好的选择，这样它们可爱的枝叶能够垂向地面。吊盆让植物展示有了高度，最适于地面面积不足的狭小空间。确保吊盆足够结实，并且要牢牢附着在天花板的挂钩上。给室内悬挂植物浇水有些麻烦，所以要能轻松地把植物从钩子上取下来，转移到水槽浇水。或者选用没有排水孔的挂盆，在容器底部铺上一层活性炭和碎石避免积水。

自浇水花盆

这种花盆特别适用于健忘的园艺家、经常出差的人，或是养在高处不容易够到的植物。自浇水花盆有一个可以加满的储水系统，浇水的频率比前几种花盆要低得多。它们能缓慢地释放水分，保证植物的根部能够得到持续的水分供应。

布艺花盆

有选择恐惧症？喜欢不断调整居住空间？那布艺花盆就是你的首选。从YEVU[1]特别为本书植物设计狂野的加纳印花，到可水洗的牛皮纸袋，这些包装既轻薄又易于调换。浇水也很简单，去掉外包装，把植物放到水槽或淋浴头下即可。不过要在植物下方放置一个小托盘，让水分不至于过多流失。

花篮

这是我们都喜欢的北欧极简风。如果你还没准备好把一株大型植物放到笨重的大花盆里，那轻巧的花篮就是最佳选择。也可以选择二手花篮，淘遍各家古董店，最终找到心仪的花篮，谁会不喜欢这让人兴奋的寻觅之旅呢？

苔玉

苔玉的日文kokedama本意是"苔藓球"，是一种日式盆景。植物的根部与土壤没有种在盆里，而是用苔藓和铁丝裹在一起，便于欣赏。把它们挂起来，形成空中花园，或者立起来放在陶瓷碗或小碟子上，都是不错的装饰。

有选择恐惧症？
喜欢不断调整
居住空间？
那布艺花盆
就是你的首选。

1 一个带有公益性质的纺织品牌，为加纳妇女提供工作机会，旨在提高她们的经济状况和社会地位。——译者注

REPOTTING

很多人害怕换盆会让植物死掉，所以他们一直拖延，直到植物无精打采或者罹患疾病。

换盆

一段时间之后，盆中的植物不可避免地要长大，现有的花盆已经没有办法提供舒展的空间了。有时植物的根会从排水孔中钻出来，有时植物的生长放缓，此时就要考虑换盆了。

很多人害怕换盆会让植物死掉，所以他们一直拖延，直到植物无精打采或者罹患疾病。没什么好害怕的，一旦植物在新的容器中开心地扎根，能够从土壤中获取足够的养分和水分，你的付出就有了回报。换盆会填入新土，也让原有的土壤透气；最好在春季进行，这样植物能最大限度地利用它们的活跃生长期。

不要把植物换到比现在大太多的盆里。换大一号的盆是最好的（约比之前的大5厘米）。花盆太大，盆中多余的土壤会压迫植物根部，而且土壤中过多的水分容易让植物烂根。

给植物换盆

你需要准备如下工具：

· 园艺叉或小刀
· 园艺手套
· 修枝剪
· 适合植物的混合基质
· 新花盆
· 园艺铲

1 在现有花盆中给植物松土。如果是塑料花盆，可以轻轻挤压花盆底部；如果是坚硬的陶瓷花盆，你可以把园艺叉或小刀插入花盆边缘来回移动，让土壤和花盆分离。

2 戴上园艺手套，一手托住花盆底部，另一只手盖住表面的土壤，把花盆翻过来，植物就从盆中脱落。如果植物牢牢地固定在花盆中，或许要大力一点。

3 轻轻松掉根部的土壤。虽说不是必要的动作，但是如果能够把根部稍做修剪，更有助于生长。

4 在新花盆的底部铺一层土。一般我们会希望植物根部的土层比花盆边缘低几厘米，所以这一步可以帮你确定需要多少土。

5 把根部放在花盆中央，用园艺铲在周围填土。轻轻拍打花盆底部，落实土壤，但是避免过分压迫，这样土壤才透气。

6 给植物浇透水，让它们喝个够。

这个过程适用于所有植物，但是给仙人掌换盆更麻烦一些，要更小心避免植株受伤。用覆软膜的钳子甚至卷起来的报纸去处理带刺的植株可以减少很多麻烦，让你不至于被刺伤进急诊室。在给多肉和仙人掌换盆的时候，最好在植株稳定之后浇水。

每个室内园艺师都要有一套园艺工具，干活才更轻松。图中工具从左上角顺时针开始分别是：口罩、黄铜喷雾器、手套、园艺铲、围裙、剪刀、白油、土壤湿度测试仪。

> 定期检查并清洁橡皮树等植物叶片，可在病症扩散前发现问题，同时保持叶片的健康与光泽。

TROUBLE IN PARADISE

天堂里的麻烦

不管你是勤于耕耘，还是疏于照料，植物一定会出问题。与自然界打交道的过程中，总有些事情会失去控制，所以一定要从错误或小事故中吸取教训。不要因为植物死去而受挫，即便是最棒的绿植专家也会失手！每次失败都是知识的积累，帮助你处理将来会发生的任何问题。

基本养护对植物的旺盛生长至关重要。定期检查可以在问题扩散之前发现苗头，把它扼杀在摇篮里，或许能拯救你的植物。

只要每天用湿布或纸巾擦拭就能保持叶片洁净，不被尘土覆盖。白油（又名印度苦楝油）是一种不错的全效喷雾剂，常备家中随时喷洒，让叶片有光泽，同时保护植物免受虫害。一旦发现生病和死去的叶片、枝干，及时清除，能够防止病症传播给健康的部分，植物才能健康成长。

观察是室内园艺的关键，不仅要查看植株状况，还要看它们对水和光的反应，注意植物生长中的任何变化。问题出现的时候，植物擅于表达自己的不适，而且很清楚在对抗病虫害的过程中需要什么。下面介绍植物发出的各种警报，帮你分析背后的问题，提供相应的对策。

❮ 长期缺水让龟背竹的叶片边缘变成棕色。

基本养护对植物的旺盛生长至关重要。

叶片变黄　叶片变黄脱落是植物老化的自然进程，再正常不过。然而，如果叶片乃至新叶也大量变黄掉落，很可能是因为植物接受过多光照。把它移到间接光照的地方，看情况是否有改善。

落叶　这是个复杂的信号，有可能是水浇多了，也有可能是水浇少了，所以要多次检测找出问题根源。定期把手指放到土壤表层，很快就能知道土壤是否干燥。通常来说，表层5厘米厚度的土壤变干，你就可以开始浇水了。很多观叶植物会告诉你它们是否缺水，叶片耷拉下来就要浇水，浇完之后它们马上就打起精神。最好在植物出现脱水症状之前就给它们浇水。不断试错，才能找到浇水的正确方式，直到植物不再落叶为止。

卷叶　植物长期忍受干旱或是处于干燥环境，就会出现叶片卷曲的状况。尝试定期浇水，同时给叶片喷雾增加湿度。

叶缘变棕　干燥的空气或缺水是主要原因。另一个原因是施肥过量，灼伤叶片使得叶尖呈棕色。施肥的时候要遵循产品说明并且小心行事，宁愿过度稀释也不能让肥料过量。

叶片萎缩或灼伤 这清楚地表明你的植物太热了，很有可能是被强烈的阳光晒伤。热带植物的叶片尤其容易被直射光灼伤，赶紧把它们从窗边移开，因为窗玻璃会放大阳光的作用。午后的阳光尤其强烈，是很多室内植物的大敌。

徒长或枝叶稀疏 这表明你的植物没有接受足够的光照。把它移到光线更好的地方，或者延长日照时间。

不均衡生长 这在一些植物中特别常见，本质是影响美感，而不是伤害植株。琴叶榕尤其容易出现生长不平衡的情况，除非定期旋转花盆，让它的各个面都能接受屋内最好的光线。可以在每次浇水的时候稍微旋转花盆。

烂根 烂根的植物无法从土壤中吸收足量的水分和养分，有时即便土壤浇透了，植物也会出现脱水的症状。解决这种问题，防范胜于治疗，适当排水和定期浇水是最好的防范措施。如果植物还有救，把它从土壤中拿出来，好好冲洗；用锋利的修枝剪去除感染的根部；视根部去除情况，剪掉三分之一或一半的叶片；把根部浸在杀菌溶液中，杀死根部真菌；用消毒剂或稀释的漂白水仔细清洗花盆，避免真菌感染新入盆的植物。

害虫和疾病

身为室内园艺师，我们不可避免地会遇到病虫害。

很多从苗圃买来的植物在带回家以前已经感染，所以付款之前要仔细检查，看有没有病虫害的迹象。最好让新买的植物远离现有植物，确定健康之后再放到一起。另外我们建议隔离病株确保害虫不会扩散。

病虫害的迹象包括：

- 叶片上有棕色斑点、虫洞或边缘被啃噬。
- 植株任何部位出现昆虫。
- 叶片上有粉状霉菌，可能是真菌感染。

定期检查植物，能够让病虫害在造成永久伤害之前得到控制。害虫和疾病一般会攻击虚弱的植株，定期浇水和充足的光照足以遏制这些问题。一旦发现死掉的花朵、叶片或是枝干，立即去除，抑制真菌生长——它们就喜欢死去的植物组织。多数情况下，防范绝对胜于治疗。如果你的植物已经生病，不要沮丧，有很多解决办法。我们通常推荐有机杀虫剂，但是别忘了处理化学物质的时候一定要戴上手套和口罩。

常见害虫

蚜虫 小型软体无翅昆虫，有各种颜色。它们繁殖非常迅速，成群攻击植物，吸食汁液。向叶片喷冷水，或用温肥皂水擦拭，可以除掉蚜虫。清洁之后，喷洒白油可抑制蚜虫再生。

尖眼菌蚊 这种小飞虫会在土壤中产卵，以土壤有机物为食。它们会在土壤和叶片中飞来飞去，有时还会趴在窗户上；基本无害，但是挺烦人的。相比成虫，我们要担心的其实是尖眼菌蚊的幼虫。最简单的方法就是不要多浇水，因为成虫喜欢在湿润的土壤中产卵。另外一个好方法是在土上铺一层沙子，成虫把土壤误认为是沙子就不会产卵了。

粉蚧 这些讨厌的家伙聚在一起，像一团棉絮。单只粉蚧体形很小，体表覆盖白色粉蜡，吸取叶片汁液为生，同时分泌黏液，招来霉菌和蚂蚁。大点的虫子可以用手捏掉（记得戴手套），小虫子可以用棉花球蘸

取工业酒精擦拭，同时还能去除它的黏性分泌物。

介壳虫 身体扁平的卵圆形昆虫仿佛叶片和枝干上的黑色的凸起。它们吸取植物的汁液，分泌蚂蚁爱吃的蜜露。成虫阶段的介壳虫身背棕色硬壳，无法移动。可以用牙刷去除，然后喷洒白油防止再生。

叶螨 体形很小的螨虫，吸取叶片背后的汁液，导致叶片干燥脱落。生叶螨的叶片上有小的红色斑点，严重的时候，叶片背面会布满细密的网。白油对去除叶螨特别有效。另外，如果你的植物还很健康，连着三天早晨给你的植物一个高压淋浴可以除掉叶螨。

粉虱 小小的白翅飞虫，成群聚集在叶片背部，以吸取汁液为生，同时分泌蜜露。轻轻碰下植物，它们会嗡地一下子散开。可以用吸尘器吸走植物里的粉虱，不然就喷洒白油。

常见疾病

室内植物疾病通常由真菌、细菌或病毒引起。抑制有害生物生长的条件是阻止疾病发生的最好方式。

真菌绝对不是好伙伴。潮湿的环境滋生真菌，同时导致根茎腐烂、叶片斑点和霉菌等一系列问题。为了防止这些问题的发生，要保持叶片干燥和室内良好通风。也可以在植物的周围放一台风扇，流动的空气会降低花盆周围湿度，帮助表层土壤干燥。如果已经产生真菌，一开始最好物理清除，挖去感染的土壤，或是剪掉发霉的叶子。还可以向土壤中滴入苹果醋、洒上小苏打或是肉桂粉，提高土壤pH值——真菌不喜欢酸性土壤。如果上述方法都没用，就到当地的五金店买天然的杀菌剂。

细菌和病毒会抑制植物生长，让叶片变色变形。这些有害物经由蚜虫和介壳虫传播，而且没有有效对策。最好是尽快移除感染的植株，用工业酒精给接触过病株的工具消毒。

STYLING

植物造型

植物能够让室内空间改头换面。接下来你会看到各种因为植物而变得生动的居家与办公空间。总的来说，植物可以增加空间深度、营造视觉焦点、创造趣味造型。给植物造型要忠于自身品位，打造独一无二的形象——可以是狂野的丛林，也可以是稍许绿意。尽情去挥洒创意，尝试不同组合，最终就能找到喜欢的造型。

把植物聚在一起

这种方式一定要考虑植物的形状。它们是笔直的、丛生的还是蔓生的？叶子是什么纹理？能组成什么图案？不同的色彩和变种如何组合？各种纹理、色彩和形状可以组成令人惊艳的植物小品或"书架景观"。把枝叶茂盛和结构分明的植物放在一起，不要排成一列，植株数量最好是奇数。植物聚在一起会有很强的冲击力，高矮不同的种类排成一列，错落有致。放开手脚，去创造真正的丛林吧。

把养护方式接近的植物放到一起，一方面是视觉的享受，另一方面可以形成湿度适宜的微气候，热带植物尤其喜欢。需水量相同的植物聚在一起还有助于控制浇水频率。

植物聚在一起
会有很强的
冲击力，
高矮不同的种类
排成一列，
错落有致。

放开手脚，
去创造真正的
丛林吧。

∧ 植物群的一个简单示例，三株是最佳组合。
‹ 木架上的波士顿蕨，伴着一旁的艺术品，构成强烈的视觉冲击力。

特色植物

室内树木最能展现室内空间的个性，在任何房间都能成为炫目的视觉焦点。不管是单独放置，还是置身植物群，一株榕属或是鹤望兰属的植物都能轻松捕获众人的目光。

摆在花架上

最好的增加深度和高度的方式就是适当放置一些花架。花架除了本身的装饰性之外，还能与现有家具随意组合。花架的选择，从优雅的木材到多变的铁丝，让人目不暇接，还可以加入高度、形状和材料的变化。

悬挂或下垂

球兰属、绿萝或是爱之蔓特别适合这种造型。一些悬垂植物放到一起可以建一个空中花园，也可以让它们从书架一侧垂下枝叶的瀑布。一些藤蔓很乐于被引导爬上墙壁，或者绕镜子一圈，用几个钩子就能实现。

沙漠植物的窗台

时髦又造型多变的仙人掌和喜阳的多肉，非常适于沿着窗台排成一列。不仅可以形成让人赞叹的剪影，还让这些沙漠植物能够充分吸收它们最爱的阳光。不同形状、质感和高度的植株能增加更多趣味。

繁殖站

增加绿植的最简单的方式就是把植物的叶茎剪下来插到时尚的花瓶里，同时观赏它们的根部。与鲜切花不同，它们可以一直生长！切下一些枝叶插到花瓶里，然后就可以轻松地看着室内丛林飞快地繁殖。

FOLI

观叶植物

PLA

观叶植物纹理丰富、线条多变、郁郁葱葱，是种类最丰富也最多变化的室内植物。从纤细的密叶铁线蕨到壮观的芋，不管哪种空间和气候环境都能看到它们的身影。

琴叶榕和龟背竹因为拥有性感的叶片理所当然被众人追捧。这些植物美人立刻为空间注入活力，任何人都无法忽视它们的魅力。

心叶喜林芋、球兰和绿萝等垂下的枝叶，给室内坚硬锋利的表面增添原始丛林的气息，成为书架和电视柜的最佳装饰。它们既可垂向地面，也能被引导攀上家具或铺满一面墙。易于繁殖的特性还能让你的室内植物群更有深度。

秋海棠和草胡椒那形状多变的叶子，让你的观叶植物组合层次更丰富、更有趣味，在无聊的办公桌上留下浓墨重彩的一笔。如果你还觉得不够，各种色彩和花纹的变种给你更多颜色与质感的选择。不同纹理、形状和高度的组合让人目不暇接，所以不要害怕，尽情尝试吧。

在这一章你会看到一系列受人喜爱的观叶植物，有成百上千个品种与变种供你选择。一旦投入其中，你就开始了无法自拔却颇具成就感的植物收藏，身边的绿叶会越来越多！

从纤细的密叶铁线蕨到壮观的芋，不管哪种空间和气候环境都能看到它们的身影。

❯ 形状、颜色和纹理各异的观叶植物放在一起，让人惊艳。它们是特别棒的室友，净化空气，活跃气氛，激发创意。

FATSIA JAPONICA 'SPIDERS WEB'

日本楤木 _____ **八角金盘"蛛网"**

说到让人印象深刻的叶子，非八角金盘莫属。它们茂盛的叶子，好像打了激素的鹅掌藤（见70页）。"蛛网"这个变种，叶子边缘布满美丽的斑点，由边缘至中心逐渐减少。合适的条件下，明亮厚实的叶子能长到30厘米宽。八角金盘适宜搭配最小的花盆，这样更能衬托叶子的光彩。

LIGHT 光照

明亮的间接光

WATER 浇水

中高频率

SOIL 土壤

排水良好

DEVIL'S IVY

绿萝 _____ **魔鬼藤**[1]

就像凯莉·米洛唱的那样：最好是你认识的魔鬼，又有谁会反对？这是最棒的蔓生植物，叶片既有光泽又有色彩变化，绿色或金色的箭形枝叶或悬垂或攀爬，让人爱不释手。真是个性感的小恶魔。绿萝有平易近人的好名声，因为它既能忍受恶劣条件又无须过多养护，在较低的光照下也能生长。除了漂亮的外表，它还有净化空气的作用。在野外，绿萝可以长到12米长，室内就短一些。即便如此，这个生长快速的家伙优雅地垂下枝叶，光秃秃的架子顿时变得丰盈活泼。

---

[1] 绿萝在欧美国家被叫作DEVIL'S IVY，即魔鬼藤。

BIRD OF PARADISE

鹤望兰属 _____ **极乐鸟**

因为独特的热带花朵而被称为极乐鸟的这类植物，可以让你家任何一个阳光明媚的角落变得郁郁葱葱。它们喜欢明亮的光线且能晒会儿太阳，所以窗台是最理想的位置。你可以选择叶子像船桨一样并且开白花的白鸟蕉，也可以选小巧端庄开橙色花的极乐鸟。假如室内光照强度不足，这两种都没法开花。不过其叶子本身已经足够吸引人，所以你很可能会忘记开花这回事。

LIGHT 光照

明亮的间接光，
部分直射光

WATER 浇水

中等频率

SOIL 土壤

排水良好

LIGHT 光照	WATER 浇水	SOIL 土壤
明亮的间接光	中等频率	排水良好

HARDY PEPPER VINE

耐寒胡椒藤 ——————— **风藤**

风藤是很好的攀缘植物。产自南亚的美丽的绿色蜡质叶片会从花盆中长出来，径直走进你的心里。更棒的是，这可爱的叶子既好看又好养，所以即便你不擅长园艺也能照顾好它们。让风藤从书架或花架上垂下来，就能更好地欣赏那美妙的枝叶了。

UMBRELLA PLANT

鹅掌藤_____ 伞树

别看鹅掌藤的拉丁名Schefflera很难读，这种植物却很好养，因为枝叶形状像我们遮风挡雨的用具而得名"伞树"。这可爱的绿植同样有各类变种，能为你的室内花园增加造型趣味。但是要记得，光照不足会导致茎叶徒长下垂，所以最好把它们放在明亮的地方。鹅掌藤可以原谅你在浇水方面的健忘，不过给它们定期浇水能有效遏制叶螨等害虫的出现。

LIGHT 光照

明亮的间接光

WATER 浇水

中等频率

SOIL 土壤

排水良好

LIGHT 光照

明亮的间接光

WATER 浇水

中高频率，
定期喷雾

SOIL 土壤

排水良好

AFRICAN MASK PLANT

"波利"海芋_____ **非洲面具树**

说到"波利"海芋，那真是特别好看的观叶植物——绿色衬托下的白色线条，让人想到古老的非洲面具。如果你的植物是一个帮派，那非洲面具树就是帮派的定海神针。不过这些家伙不好伺候，得要有经验的人出马才能搞定。潮湿的环境必不可少，浇水也不能马虎，这是它们茁壮成长的关键。保持土壤湿润但不湿透，同时需要定期喷雾。

SWISS CHEESE PLANT

龟背竹_____**甜芝士树**

龟背竹是备受宠爱的观叶植物之一，也是设计爱好者梦寐以求的植物。拥有光滑的几何形叶片和快速生长能力的植物美人，是点亮室内空间的焦点。龟背竹原产自中美洲的热带雨林，能在室内营造热带风情。既坚韧又强壮，适当养护就能让龟背竹开心健康，不过生命力强的植物需要更多空间让枝叶伸展。

和大部分热带植物一样，龟背竹喜欢间接光线充足的明亮之地。它们可以在雨林茂密树冠下生长，同时还会用气根吸收光线。光照不足会影响叶片孔洞的生成——这可是它们最出名的特征之一，但要小心直射光灼伤叶片。三个月左右施一次液体肥，你的龟背竹会长得特别好。

龟背竹的浇水量取决于获得的光照。通常，一周浇水一次就足够了。每次浇水要浇透，让多余的水分从花盆底部排出，浇水前确保表层5厘米的土壤干透。

你也可以尝一尝龟背竹成熟的果实，味道就像水果沙拉，这就是它别名"水果沙拉树"的原因。

TAHNEE
CARROLL

塔妮·卡罗尔

自由设计师

Freelance stylist

∧ 居住空间斑驳的光线让塔妮的小龟背竹和龟背竹茁壮成长。

聊聊你自己的情况吧,你的背景、职业,以及我们拍摄的植物空间。

我是一名室内设计师,在学校读的就是这个专业,后来逐渐进入媒体行业。从助理设计师开始,一路走到今天。现在我为真实生活(Real Living)等家具和家居品牌组织大型活动并负责品牌媒体公关。我是风格公民(Citizens of Style)——一家为品牌、艺术家和杂志拍摄形象和广告片的摄影设计公司——的创始人之一。我和我的狗小露——加泰霍拉豹犬与边牧的后代——住在悉尼城西的一个两室半的独立住宅。我的室友克劳德·塔克维尔是一位陶瓷艺术家,在泥塑澳大利亚(Mud Australia[1])工作。我们的房子巧妙地融合了新旧两种风格,因为我一方面擅于在路边发掘有趣的物件,另一方面也喜欢价值不菲的中世纪古董和陶瓷。室内的主色调是大地色,搭配黑色和黄铜两种颜色,再用植物填满室内每个角落。

室内植物在20世纪70年代特别流行,现在似乎又再度流行。你怎么看植物的复兴?

我想大家是厌倦了极简主义——至少我自己是这样。我觉得室内植物的再度流行是因为人们意识到植物的好处,尤其是住在城市的人。外面的污染这么严重,回到家能够呼吸新鲜空气真是太好了。

作为一直创造美好形象的设计师,你认为植物怎样在设计场景中发挥作用?

我觉得没有自然元素的空间是不完整的。一株巨大的雕塑般的植物就能增加室内的高度和深度,或者让一盆蔓生植物从壁炉或书架上垂下枝叶。一抹绿色能够立刻消除室内的疏离感。

⌃ 历年来收藏的陶瓷艺术品成为房间的主角。

没有自然元素的空间是不完整的,我觉得就是这么简单。

─

---

1 澳大利亚手工陶瓷品牌。

你选择被植物环绕的生活，你觉得植物对你的空间（或生活）有什么影响？

这真的是把生命带入家中，它们净化空气，让你感觉开心和健康。当我看到屋内植物健康成长的时候，就可以确定我的家居环境是健康的，植物用洁净的空气回报我对它们的照顾。

怎么让植物快乐和健康呢？

我一直观察它们。我房间的光线夏天和冬天变化很大，所以我需要时刻掌握它们在各处的状况。如果看上去不太好，我会把它们移到窗边，这些小家伙马上就精神起来。每个月我会给它们加一些海藻肥料。阳光+爱+水分+音乐=开心的植物=开心的我。

你有什么室内植物造型的秘诀？

我喜欢把小株植物聚在一起，种到好看的陶瓷花盆里。大点的植物，我会让它们独自待着，成为一座雕塑。

你最喜欢的室内植物是什么？为什么喜欢它们？

哦，那一定是龟背竹！我养了两种，它们既美丽又狂野。我本身特别喜欢20世纪70年代风格的大地色系，所以这可能也是我喜欢龟背竹的原因——那时非常流行这种植物。

∧ 植物不均衡的组合引人注目，而且特别适于放在窗边，这样它们可以接受明亮的间接光。

▲ 早晨醒来就能看到绿色，夜间净化的空气让你酣然入睡 —— 没有什么比这更棒了。

▶ 龟背竹在一根图腾的支撑下向上生长。

PEACE LILY

白鹤芋属 _____ **和平百合**

是的，这种耐寒植物可能会让你联想到商场或者呼叫中心，但是别着急贬低它。又被叫作"衣柜植物"的白鹤芋，可以在阴暗的地方生长，这个像花朵一样的美人是最易养护的室内植物之一，轻轻松松就能让它们长得茂盛又可爱。尽管能在黑暗的角落存活，但是光照不足的情况下白鹤芋很难开花。如果想看白色的花朵，最好给它充足明亮的间接光。

白鹤芋是一种擅于表露心意的植物，可以明确提出自己的需求。缺水的时候叶片会下垂，浇水后马上挺立。浇水过多，叶尖变成棕色。如果叶子卷曲干枯，可以给它喷雾，提升湿度。

LIGHT光照

中低强度

WATER浇水

中等频率

SOIL土壤

排水良好

LIGHT 光照	**WATER 浇水**	**SOIL 土壤**
中低强度	低频率	排水良好

ZANZIBAR GEM

雪铁芋 _____ 桑给巴尔宝石

即便是最厉害的植物杀手，也不能错过这该死的家伙——植物界查克·诺瑞斯[1]一样的硬汉。没有水，没有阳光，不用费心，雪铁芋在糟糕的环境下也游刃有余。深绿色的叶片从块状根中伸展出来，既帅气又坚韧，室内拥有了久违的绿色，但没有增添任何麻烦。一周浇透一次就能满足它的需要，在休眠的冬季，甚至可以更少。杀不死的室内植物，绝非浪得虚名。

---

[1] CHUCK NORRIS，世界空手道冠军，美国电影演员，李小龙好友。

SPIDER PLANT

吊兰 _____ **蜘蛛草**

别看它叫蜘蛛草，其实一点都不吓人！易于养护，又能应对各种糟糕的情况，即便是最粗心的主人也能搞定。吊兰能在各种环境快乐成长，也很少出问题。叶尖有时会变成棕色，但很容易解决。之所以叫它蜘蛛草是因为它的幼株吊在母株上，就像蜘蛛趴在蜘蛛网上一样。这些迷你植物很容易繁殖，是扩大植物收藏最实惠的方式。蜘蛛草净化空气的能力连美国航空航天局都赞不绝口，还有什么是它们不能做的呢？

LIGHT 光照

明亮的间接光

WATER 浇水

中等频率

SOIL 土壤

排水良好

LIGHT 光照	WATER 浇水	SOIL 土壤
中低强度	中等频率，冬季减少浇水可让植株开花	排水良好

WAX PLANT

凹叶球兰 _____ **蜡木**

Hoya这个属名来自植物学家托马斯·霍伊（Thomas Hoy），是他让这种令人愉悦的植物家喻户晓。因其有幸拥有茂盛、肥厚、水分充足的叶片，凹叶球兰被很多人当成多肉植物。球兰属确实有一些多肉植物，但是大多数都不是，其中就包括招人喜欢的凹叶球兰。因为蜡质的枝叶又被称为蜡木的它们在耐性方面也毫不示弱。凹叶球兰甚至会突然开花，以回报主人偶尔的疏忽。那些小小的五角星花球，散发出阵阵甜香，像花朵一样令人愉悦。如果这些还不够，凹叶球兰的各种变种会让这低调的植物焕发新的生机。

ELEPHANT EAR

芋属＿＿＿**象耳**

因为有性感的大叶子，芋属被人们戏称为象耳。从草绿色到紫黑色，象耳的叶子是绝对的视觉中心。我们还没说它的变种呢，那真是值得一看。如果空间足够，它们能长到1.2米高。象耳一般在冬季会垂得很低，进入休眠。园艺新手看到这景象不用慌张，这不过是它们生长周期的一部分。这个时候只要及时清除死掉的叶子、减少浇水，可爱的叶子很快就能长回来。

LIGHT光照

明亮的间接光

WATER浇水

中高频率，
喷雾

SOIL土壤

排水良好，
泥炭土

LIGHT 光照

明亮的间接光

WATER 浇水

中等频率

SOIL 土壤

排水良好

ARROWHEAD PLANT

合果芋属_____箭头芋

天南星科的一员，是喜林芋的小兄弟。又被称为箭头芋或鹅掌木的这种植物，无须过多养护，所以你可以轻松地享受它或绿色或粉色的各种变异性状。合果芋还是净化空气的好手。如果任其生长，它们会匍匐于地面，所以可定期修剪以保持整洁。

ALUMROOT

矾根属_____ **矾根草**

为这位美人欢呼吧！因为根部可入药，人们叫它矾根；因为它铃铛一样的可爱花朵，又被称为珊瑚铃。叶片精致且色彩别致，是植物帮派中的绝对美人。矾根的颜色特别丰富，从深紫到柠檬绿再到黄色，你可以在家组成一道矾根彩虹。一般明亮的间接光就能满足它们，其中一些深色叶片的变种也可以接受早晨的直射光。

LIGHT 光照

明亮的间接光

WATER 浇水

中等频率

SOIL 土壤

潮湿，
排水良好

LIGHT 光照

明亮的间接光

WATER 浇水

中等频率

SOIL 土壤

排水良好

LITTLE BOY PLANT

花烛属_____小男孩

因其独特的花朵（有点像男性生殖器）又名火鹤花或小男孩。花烛适应性强也无须精心养护。这家伙喜欢明亮的间接光，光线越弱，花朵越少，叶片越多。想花叶共赏也很容易，避免阳光直射即可。

花烛容易烂根，所以不要过度浇水，保证土壤排水通畅。想要它们开花，就用含磷较多的肥料，几个月施一次肥就行啦。

植物达人

EMMA MCPHERSON

艾玛·麦克弗森

植物房间(Plant Room)创始人

Founder of The Plant Room

˄ 用悬垂植物和彩叶植物来装饰木制花架，商店的开阔空间从视觉上被划分成不同区域。

˃ 手工制造的陶瓷器具装饰了这张桌子。

你的背景可真丰富，跟我们聊聊你过去的成就，还有你怎么想到创建植物房间。

我的背景确实丰富！我有多年的酒店工作和管理经验，同时一直在学习我真正的兴趣所在。刚从学校毕业我就进入酒店业，但是期间没有停止追寻真正的自己和生活的使命。学了各种有活力的内容之后，我发现了格式塔疗法，它成为我的精神支柱和生活方式。最终我离开酒店业，成为一名帮助人们戒除成瘾症的治疗师。后来，我的孩子出生，一切都变了。

我和丈夫做了一个决定。我们两人要倾尽一生追寻幸福，每天做自己热爱的事，让我们的儿子在这样的环境中成长。工作不仅仅是工作，而是生活方式，它应该是令人愉悦、给人启发并充满乐趣的。对我来说，设计就是这样一份工作，所以我再次回到学校学习室内设计。学成之后我就开始自己的生意——住宅和商业环境的空间设计。

起初，我惊讶地发现，大部分人家里没有植物的位置。我从小和植物一起长大——波士顿蕨吊在天花板上，龟背竹爬满墙面，所以居住在脱离自然的环境，对我来说是难以理解的陌生体验。

植物房间的诞生，源自一种深切的渴望——创造一个可持续的意识空间，充满灵气和创造精神。从小我的家里就堆满了手工陶艺作品、木头和植物，在我看来，这些元素让房子成为家。用心创造的自然材料制成的物件，承载作者的灵魂。我相信这些物件聚集在房间里，会有神奇的事情发生。我的店里都是我最爱的家具设计师的作品，每位设计师都专注自己热爱之事，每件物品都出自这些匠人之手。它们饱含创造精神，而我们正是运用这些精神能量开展与推广讲座、合作等各种活动。

从小我的家里
就堆满了
手工陶艺作品、
木头和植物，
在我看来，
这些元素
让房子成为家。

——

植物房间不只是出售植物。跟我们说说，除了装饰空间，你们还做了哪些很棒的事情。

是的，植物房间不仅仅是一家商店，这个空间对于不同的人来说有不同的意义：一些人来这里聊天喝茶，另一些人来这里学习和成长。我们与周围社区保持密切的关系，定期举办各种讲座和活动，办过瑜伽和冥想班。目前我们正在为性少数群体（LGBTQI）[1]的孩子举办一系列夜晚活动。我们探讨各种话题，从身体形象到如何让植物开心。来到植物房间的人可以探索自我，追寻自身意义——这就是我想看到的。

你信奉与自然共生的重要性，植物在你的生活和空间里发挥什么样的作用？

植物一直占据我生命中很重要的位置——家里都是植物。我们一直住在乡下，一天的大部分时间和周末都用来发现新的水潭或可以攀爬的树——我从未真正离开自然。进入设计行业发现很多人已经远离自然，我感到非常惊讶，我开始思考这种分离会带来什么后果，不仅是对个人，还有对社会更深远的意义。

"生活就是成长"（Life is Growth）是你的网站标语，能不能解释下这句话？

我信奉进步和进化，即我们都在这里成长，以更清醒的方式生活。植物房间代表了我的理念——我们做的每件事，出售的每件物品，都来自某处的成长。这里开展的对话、举办的讲座、地板和架子上的每件物品，都是一次进化、一种教育的改革、一次意识的觉醒。

我想打造这样一个充满创意的地方，一个人们进入之后就感觉与自己和环境产生连接的场所——在这里人们能够远离烦琐，与生命、自我和自然连接更紧密。我的四周都是启发我的人和物，但不仅限于此，我希望其他人进入植物房间后能感受到不同。我们从对话中获得成长，让我们用新的方式思考，这是只有通过生活和追寻新鲜事物才能获得的经验。成长来自心跳或辛勤工作，不管怎样，它都会发生。成长是生活的一部分，所以重要的是拥抱它、享受它，随之起舞。

---

[1] LGBTQI是女同性恋（LESBIAN）、男同性恋（GAY）、双性恋（BISEXUAL）、跨性别（TRANSGENDAR）、酷儿（QUEER）、间性人（INTERSEX）的英文首字母缩写。——译者注

˄ 植物与手工陶瓷品的搭配,妙不可言。艾玛在她的商店里摆满了手工艺品,
是有思想的手艺人的灵魂之作。

∧ 艾玛无法抗拒自然的魅力，她的店是最佳例证。店里陈设精美，音乐环绕，茶香四溢，欣然迎接任何人的到来。

**我们坚信室内植物能够提升空间。你与绿植一起生活工作的
感受是怎样的？**

它们启发我，有创造性，充满热情，外向开放，诚实且真
实。对我来说，绿植就是生活本身。我们大多数人长时间远
离自然，而我觉得如果能每天与自然相处，才是真正的幸
运。绿植把我带回重生之地，让我感觉充实且完整。我走进
商店，就感受到与它们的连接。我们可能只是在讨论一株植
物与一个漂亮的花盆，但是它们似乎经由能量和连接组成
一个整体，就不仅仅是一株植物种在一个花盆里了。

你最喜欢的室内植物是哪些？

这就像在问我最喜欢哪个孩子。我没有最喜欢的。我热爱自
然与植物。我一直对员工说，如果你不喜欢植物，你其实在
逃避自身的某一部分。所以，对我来说，植物就是另一种工
具，帮助我更清醒地活着，更了解自己。那这部分就取决于
区位、光线、空间，和你想从植物中得到什么。它们如此神
奇，总有适合任意环境或场合的植物。

能不能给那些自认为是植物杀手的人一些建议？

我个人不相信植物杀手的存在。对我来说，每个人都有与植
物沟通的能力。我一直建议我的客人观察和感受他们的植
物，密切关注它们的变化。植物和人一样，与环境互动——
水分、光线、热度以及它们是否被好好照顾。如果叶子颜色
变化或者叶片开始脱落，就要注意了。把它们当成家里的一
分子，为叶片除尘，给它们浇水施肥。最重要的是沟通，它
们有需求一定会告诉你。

我个人不相信
植物杀手的存在。
对我来说，
每个人都有
与植物沟通
的能力。

———

NEPHROLEPIS EXALTATA
波士顿蕨

ADIANTUM TENERUM
脆铁线蕨

ADIANTUM RADDIANUM
密叶铁线蕨

FERNS 蕨类

因为亨利·马蒂斯和珍妮弗·洛佩兹而变得不朽的蕨类植物，它们净化空气的神奇能力得到了美国航空航天局的认可，是你的植物收藏中最完美的一组。高大的波士顿蕨，让你想起小时候在奶奶家度过的时光。柔弱茂盛的密叶铁线蕨会让你一直努力工作工作再工作，才能看到它那绿色发丝的茁壮成长。

ASPLENIUM BULBIFERUM
芽孢铁角蕨

CYRTOMIUM FALCATUM
全缘贯众

ELKHORN FERN

鹿角蕨 _____ **二歧鹿角蕨**

像名字里的鹿一样优雅端庄的二歧鹿角蕨，原产自新几内亚的热带雨林和昆士兰的海岸。作为鹿角蕨属的一员，它们通常攀附在雨林高高的树冠上。幸运的是，二歧鹿角蕨会老老实实地待在你家的室内丛林里。一周浇水一次，确保排水通畅，千万别让它们泡在水里！你可以试着模拟雨林的光照，把它们放在略遮阴的地方，偶尔接受上方投下的斑驳光线。

这聪明的小家伙能自己合成肥料，所以不能过度施肥，尤其是化肥，那会灼伤它们的叶子。你可能会在叶片背面发现大块棕色斑点，不要慌，那是繁殖孢子，而且正好说明它们生长良好。

LIGHT 光照	**WATER** 浇水	**SOIL** 土壤
明亮的间接光	中高频率,喷雾	保持湿润

BOSTON FERN

波士顿蕨

它是维多利亚时期的宠儿,一种非常戏剧化的植物,让你的家充满张力。不管挂在空中还是摆在花架上,波士顿蕨都会优雅地垂下那巨大的枝叶。波士顿蕨是很好养的一种蕨类,因为它们的叶子很强壮。不过还是要避免植株干旱,同时定期喷雾来创造它们喜欢的湿度。

BRAKE
FERN

欧洲凤尾蕨＿＿＿ **凤尾蕨**

因为枝叶纤长，又被叫作丝带蕨——弯成拱形的茎在茂盛
的叶床上招摇，特别赏心悦目。就蕨类来说，欧洲凤尾蕨
是最好养的一种，因为长得慢，所以特别适合做桌面装
饰。它们不喜欢泡在水里，但和其他蕨类一样喜欢湿润的
空气。

LIGHT 光照

明亮的间接光

WATER 浇水

中高频率，喷雾

SOIL 土壤

保持湿润

BEAR'S PAW FERN

多足蕨属 _____ **熊掌蕨**

根茎裸露在外，表面有鳞片与毛，叶片比其他蕨类要宽，叫它熊掌蕨也就不奇怪了。有根茎的蕨类还有很多，比如兔脚蕨和袋鼠蕨，这些与众不同的蕨类植物，定会成为话题的焦点。叶边的褶皱增添更多吸引力，让你的室内丛林更加可爱。

MAIDENHAIR FERN

铁线蕨属＿＿＿＿ **密叶铁线蕨**

从澳大利亚到安第斯山脉，各地的热带雨林都能见到密叶铁线蕨，种类多达250种，包括叶片明亮轻巧的杂交品种"默克仙夫人"。铁线蕨的特色是轻巧的叶片与温和的个性，不过这多变的叶片不适合玻璃心的人。它们可金贵了，对光线、温度与湿度变化特别敏感。有可能一阵微风，就把一丛茂盛的叶子变得脆弱暗淡。湿度是关键，浴室是最接近密叶铁线蕨生活环境的地方。

LIGHT 光照

明亮的间接光

WATER 浇水

高频率,喷雾

SOIL 土壤

保持湿润

JANE
WEI

简·魏

发型设计师/阁楼故事（A Loft Story）老板

Hair-stylist and owner of A Loft Story

˄ 在这样的开敞空间，简用悬垂植物和高大树木，放大植物的效果。图中琴叶榕的宽大叶片在沙龙的一处骄傲地伸展。

我们的屋顶上
有4个巨大的天窗，
正适合养植物！
我选的植物
都要能搭配这个
大开间的
挑高空间。

跟我们说说你自己吧，你的背景、职业还有我们拍摄的植物空间。

我是一名悉尼的发型设计师，做这一行已经14年了。身边是植物、自然、艺术、文化、音乐和有想法的人，还有持续供应的好咖啡！我喜欢这样。我创建了自己的美发沙龙——阁楼故事，把所有我感兴趣的元素都放到店里。这里不仅有十张椅子，还有一个咖啡吧，各种植物（我们街对面是一座公园）和墙上的艺术作品。店里的美发师是一些特别棒的人，能与这样一群充满创意和想法的人一起工作并组成一个很棒的团队，真是三生有幸。

你的店真是太棒了。怎么把植物融入其中呢？

很幸运的是我们的屋顶上有4个巨大的天窗，正适合养植物！我用绿植搭配家具来填补大开间和挑高空间。我喜欢植物造型的对比和碰撞。最近我得到一株2米宽的巨大鹿角蕨，我把它架在4米高的阁楼阳台，俯瞰整个沙龙。我的顾客可以一边洗头，一边欣赏它的高大。洗头盆之间的树桩上，我放了波士顿蕨作为空间隔断，还能在顾客染发的时候过滤空气。

植物给你的店和生意/工作带来怎样的影响？

一开始我的目的是尽量减少沙龙的有害气体和视觉混乱，植物是最佳解决方案。它们可以过滤空气，且不会发出噪

声，可以说在各方面都能给我启发。它们的存在一下子就能让人放松和平静。顾客和员工都喜欢这里，尤其是这些植物！

植物对你来说是不是一直都很重要？

其实，Green是我名字的一部分，所以真的很有意义！现在有一座光照充足的240平方米的仓库可以摆放植物，我就愈发离不开它们了。周日逛苗圃让我既开心又有些愧疚，我一直在寻找下一株独一无二的植物！看着每一片嫩叶舒展，或是每一朵小花绽放，都能带来巨大的成就感。每一株植物，它的结构和个性都让我赞叹。我最喜欢的一件事，就是在休息日到国家公园、大山或森林里，进行与自然充分接触的冒险。植物就是我的禅。

你最喜欢的室内植物是什么？为什么喜欢它们呢？

最近，一株90厘米高的茂盛的玉珠帘特别让我感到骄傲并为之赞叹。就像它的名字一样，高高竖立的枝叶，宣告它的精气神！还得说说我的大鹿角蕨，我给它起名乔治王。鹿角蕨的优雅和怪异的形状都让我着迷，我可以连着几个小时盯着它看。当然，还有我的琴叶榕，轻巧的枝干伸出巨大的绿叶，仿佛优雅的芭蕾舞者，美丽又有力量。

⌃ 沙龙里到处可见戏剧化的焦点植物。比如，吊起的一盆绿萝，装饰一面巨大的白墙；
一株成熟的绿钻喜林芋，让挑高的空间更有活力。

RHAPIS EXCELSA
棕竹

LIVISTONA CHINENSIS
蒲葵

ARCHONTOPHOENIX ALEXANDRAE
假槟榔

HOWEA FORSTERIANA
荷威椰子

PALMS 棕榈

这些真正的热带美人，让我们想到逝去的殖民时期：天花板上的风扇无精打采地扇动温暖的空气，绿色的叶子肆意生长。从华丽小巧的荷威椰子到容易打理的袖珍椰子，选择应有尽有。

棕榈在 20 世纪 70 年代的时候相当流行，现在又重回时尚行列。

LIGHT 光照

明亮的间接光

WATER 浇水

中等频率

SOIL 土壤

排水良好

原产中国的棕竹有很多别名，观音竹、棕榈竹、筋头竹等，喜欢哪个就叫它哪个。坚硬的茎秆外包网状纤维的叶鞘，棕竹因此成为适应力极强且易于养护的室内植物。尽管生长缓慢，扇形叶片能长到3～4米高，不过要等上10年。很多室内植物都是如此，耐心就有收获！

棕榈竹_____ **棕竹**

RHAPIS PALM

CHINESE FAN PALM

蒲葵 _____ **中国扇叶葵**

不用说你也能想到，蒲葵的叶子是蒲扇形，颜色呈深绿色，是一种具有建筑美感的植物。它们喜欢温暖的气候，稍加养护就能长成潇洒的扇叶，成为空间里的美妙装饰。给它明亮的间接光和排水良好的土壤，这种优雅的棕榈会在你的房间里快乐地生活很多年。

LIGHT光照

明亮的间接光

WATER浇水

中等频率

SOIL土壤

排水良好

LIGHT 光照	WATER 浇水	SOIL 土壤
明亮的间接光	中等频率	排水良好

KENTIA PALM

荷威椰子_____
肯特椰子

荷威椰子在澳大利亚豪勋爵群岛随处可见，生长缓慢的它们需要额外的滋养。只要你有耐心和正确的态度，荷威椰子会成为你最好的植物伙伴。不过在换盆这方面，它们就没这么听话了；与其从一个花盆移到另一个花盆，不如让它们自生自灭。荷威椰子的根特别脆弱，所以如果非换不可，一定小心翼翼地完成。

植物达人

TESS ROBINSON

泰丝·罗宾森

恰如其分设计公司（Smack Bang）的联合创始人及创意总监

Owner and creative director of Smack Bang Designs

ᴧ 泰丝有这样一种天赋——把绿植组合在一起构成令人愉悦的场景。
而她的另一半恰好是专业的园艺师,两人的组合让他们的植物一直保持健康繁茂。

植物让我们放松，
而我们
真正放松的时候，
就有更多心力
去创造 。

你的工作室太美了，到处都是植物！我们是植物提升空间的忠实信徒，告诉我们在绿植中工作是什么感觉？

对我这个植物痴来说，工作室里的植物和无线网一样不可或缺。尽管每周浇水就要花费一个多小时，植物仍是我的最爱。它们让办公室重焕生机，把室外空间带到室内，让我们沐浴在新鲜空气和阳光中。尽管没有确凿证据，但是我坚信，植物能够改变空间的能量，激发创意，提高生产力与幸福感——希望每天在公司都能感受到这些。

创造力是你的公司的核心，那植物对创造力的培养有没有帮助？如果有，是怎样的帮助呢？

我觉得很简单：植物让我们放松，而我们真正放松的时候，就有更多心力去创造。人类与植物一起进化，所以或许我们的潜意识里给植物留了一块地方；如果没有植物，我们会觉得不自然，缺乏安全感。

我们翻阅了你的社交平台，可以看出你的另一半也是个植物爱好者。植物在你们的生活中扮演了什么角色？

是的，不过他比我更痴迷，可以说是朝九晚五地投入植物世界。我们的房间完全被植物占据，周围摆满了植物照片，就像一些父母炫耀自己的孩子一样。可笑吧，但是它们带给我这么多的快乐。

你觉得自己是园艺家吗?

算是吧。但是我觉得自己很幸运,我的开始很顺利。我的男友是园艺家,擅于同植物沟通。每次植物快不行了,我悄悄地把它带回家,让它在拜伦的植物医院里缓一缓。这么多年和拜伦在一起经营我们的生活与事业——城市种植者(Urban Growers)[1],我学到了许多植物养护的知识。我常常对自己给出的植物建议感到惊讶!

你最喜欢的室内植物是什么?

我每天换一个最爱!我最喜欢有个性的植物,任何有建筑感和优美叶子的植物我都爱!目前我的最爱是蝎尾蕉、蒲葵和芋。

在工作空间布置绿植,你有什么经验可以分享吗?还得让它们活下来才行!

1   尽可能把植物放在窗边或者天窗底下,让它们持续生长,沐浴阳光。

2   下雨的时候,把它们搬到外面浇透。我保证植物会像过节一样开心!

3   如果你的植物一年365天都在空调房间里,它们需要轻微的喷雾保持空气的湿度和叶片湿润。每周一次,还能帮助抑制害虫。

4   每1~2年给植物换盆,而且只用最好的盆土。这会让你的植物获得充足养分和水分。

5   不要过度浇水!室内植物常见的死亡原因就是溺水,浇水前确保土壤完全干透。

6   我不时也会给植物施肥,让它们健康、强壮,更加葱郁。

7   跟它们说些甜蜜的话,至少每周一次。

---

[1] 位于悉尼的一家致力于推广可食用花园种植的公司,为人们的园艺活动提供咨询。

大窗户是养大鹤望兰的加分项，这样它们能接受更多阳光。

植物能提升办公环境的效率且具舒缓作用，这一点人尽皆知。

∧ 虎尾兰在内的几株植物让这个明亮的角落成为会议室的视觉焦点。

⟩ 弦月在多肉阳台上肆意生长。

PHILODENDRON SELLOUM
羽裂喜林芋

PHILODENDRON BIPINNATIFIDUM
肋叶喜林芋

PHILODENDRON 'ROJO CONGO'
红金钻

PHILODENDRON CORDATUM
心叶喜林芋

PHILODENDRON ERUBESCENS
红苞喜林芋

PHILODENDRON 'XANADU'
佛手喜林芋

喜林芋

PHILODENDRONS

它们美丽又多变，就像优雅的女士，有垂下枝叶的心叶喜林芋和粉色公主的红苞喜林芋，还有结构感更强的带刺的佛手喜林芋。这些宝贝既坚韧又好养，可以说是植物帮派的无名英雄。即便落到最凶悍的植物杀手的手中，它们也能绽放光彩。

LIGHT 光照

明亮的间接光

WATER 浇水

中等频率

SOIL 土壤

排水良好

SWEETHEART PLANT

心叶喜林芋_____ **甜心**

最漂亮的心形叶片从书架或花架上垂下来，无愧于甜心这个称号。除了易于养护，心叶喜林芋的好处还有很多。可以让它垂下枝叶，或用挂钩引导它爬上墙面。掐头这种技术可以让造型更丰满：在叶节（叶子与茎接触的部位）上方用指甲或者剪刀剪掉叶片，新的茎会从叶节上长出来。可不要浪费剪下的枝叶，它们轻易就能在水中生根，你就能拥有更多的甜心啦。

LIGHT 光照

明亮的间接光

WATER 浇水

中低频率

SOIL 土壤

排水良好

ROJO CONGO

红金钻_____ **红刚果**

园艺新手听好了，红金钻是个强壮的家伙，所以园艺入门最好从它们开始。新叶是绚丽的深红色，接着会长成亮眼的大片绿叶。茂盛的红金钻大小适中，适合任何空间，为沉闷的绿色植物增添色彩。作为非蔓生的喜林芋新品种，红金钻也是空气净化的好手，总之，它是最棒的室内植物。

XANADU

佛手喜林芋_____**仙乐都**

看到Xanadu这个词，你会想到什么？曾经红极一时的喜林芋，还是奥利维亚·牛顿·约翰的洗脑神曲？是前者就最好啦。这是又一株非蔓生的喜林芋，佛手喜林芋的宽度大过高度，所以特别适合放在开敞空间。和大部分喜林芋一样，最好让它们远离宠物，因为对小动物来说它们的枝叶有轻微的毒性。

LIGHT光照

明亮的间接光

WATER浇水

中等频率

SOIL土壤

排水良好

FICUS LONGIFOLIA
长枝垂榕[1]

FICUS ELASTICA
橡皮树

[1] 原文标注的拉丁名 Ficus longifolia 并不准确。长枝垂榕是瘤枝榕（Ficus maclellandii）的长叶变种。

FICUS 榕属

榕属植物可能是观叶植物中最时尚的一种。橡皮树既有光泽又有造型，琴叶榕风靡一时且颇具曲线美。

没人能抗拒它们的魅力，更棒的是它们并非徒有其表。

这类植物在很多热带雨林生态系统中发挥重要作用，在你的室内花园也是一样。

FICUS LYRATA

琴叶榕

FIDDLE-LEAF FIG

小提琴叶榕_____ **琴叶榕**

植物界的超模——琴叶榕，越来越受欢迎。妖娆的小提琴形状叶子，是让人回味的复古味道，即便在极简主义风格的房间里也能怡然自得。它的美好外表让你心甘情愿地侍候，因为它的要求真的很高！光照要充足，但是避免强烈的阳光直射伤害宝贵的叶子。大概一周让它好好地喝一次水，保证土壤表层5厘米干透再浇下一次。为了保持叶片的大小均衡，最好定期旋转花盆，因为它喜欢向着阳光生长，如果不旋转，叶片会明显偏向阳光处。

LIGHT光照

明亮的间接光

WATER浇水

中等频率

SOIL土壤

排水良好

LIGHT 光照

明亮的间接光

WATER 浇水

中等频率

SOIL 土壤

排水良好

SABRE FIG

长枝垂榕_____**剑榕**

琴叶榕的风靡，可能会让我们忽视榕属里更独特、更有趣的种类。长枝垂榕有细长的叶片，会让人想起澳大利亚的桉树，坚韧不拔的它是时候走到聚光灯下了。如果你正在寻找一株室内树木来展现自己的个性，就选长枝垂榕吧。下一个流行的就是它！这可是我们先说的！

LIGHT 光照	**WATER** 浇水	**SOIL** 土壤
明亮的间接光	中等频率	排水良好

RUBBER PLANT

印度榕_____ **橡皮树**

坚硬有光泽的叶片和健康成长的个性，让橡皮树成为高大健壮的代表。毫无疑问，它看着舒服，而且放在房子各处都适合。巨大的有光泽的叶片，意味着橡皮树在去除室内毒素方面表现最佳。易于养护是橡皮树的招牌，它们甚至能够容忍你的疏于照顾。明亮的间接光和每周一次的浇水就能让它们茁壮成长。

想要丰富造型与纹理，可以选择橡皮树的变种，如花叶橡皮树和柠檬橡皮树。不过要记得，变种对光照的要求更高才能维持叶片的变异性状。

RICHARD UNSWORTH

理查德·安斯沃斯

花园生活(Garden Life)创始人及景观设计师

Landscape designer & founder, Garden Life

∧ 理查德的榕属观叶植物的收藏很有名。

上图中既有巨大的长叶榕，又有令人过目难忘的琴叶榕，理查德知道怎么让这些植物开心又健康。

跟我们聊聊你的情况吧，你的背景、职业，你的工作内容还有我们拍摄的这个植物空间。

我们的店是所有园艺和绿植爱好者的天堂。我们除了做园艺设计，还从世界各地搜集各种各样室内外植物的花盆与容器，一同放在一个巨大的仓库里。这是我们的第三家店，已经经营了两年时间。我们有充足的空间展示不同的美学主题。人们来这里可以闲逛，喝杯咖啡，或者感受这里的氛围。

室内植物正流行，你认为它们为什么能再度流行？

我认为，人们越来越需要大自然的安慰和怀抱，因为我们城市生活愈发忙碌，愈发脱离生活本质。照料和培育室内植物，是一件颇有意义的充实内心的活动，而且被证明对健康很有好处。提高空气的氧气含量只是其中之一！谁会不喜欢室内植物呢？

你们远赴重洋去寻找特别的植物容器。跟我们分享一下过程，从功能和美学角度跟我们聊聊容器对植物的重要性。

是的，我们确实走遍世界各地，找寻独特新颖的物件——这几年我最爱做这件事。一般我会设计、开发和生产我喜欢的物品，并且希望其他人也同我一样热爱它们。我喜欢有历史感、有故事或者带有强烈印记的物件，从土耳其古董盆钵到印度黄铜容器，或是一个传统脚轮上手工制作的摩洛哥花盆。

你帮助人们用植物装饰室内外空间，这是否意味着你自己的家里也到处是绿叶？

有趣的是，我家里只有一株植物——浴室里的一大盆银叶虎

人们越来越需要
大自然的安慰
和怀抱，
因为我们城市生活
愈发忙碌，
愈发脱离
生活本质。

尾兰。不过我的花园确实热闹！我常常剪一些枝叶插到花瓶里。我觉得工作的时候接触植物已经够多了。

老实说，现在琴叶榕太常见了。你是不是已经有了榕树审美疲劳？是不是可以推荐一些被忽视的品种？

哈哈，榕树审美疲劳，我喜欢这个词。它们特别棒，但是是时候让它们的近亲登场了——橡皮树和长叶榕是不错的室内装饰。

在照料室内植物的过程中，人们最常犯的错误是什么？能不能给些建议把植物养得健康又快乐？

你要选择适合空间的植物，关键是光线和水。如果你选了一个阴暗的角落，就要找能够适应阴暗光线的植物。另外，要搞清楚植物需要多少水分。我常常建议人们把植物搬到室外灌溉，浇水要间干间湿。我会给我家的植物淋浴，这是它们喜欢的方式。

你最喜欢的室内植物是什么？为什么喜欢它们？

长叶榕这种纤瘦的室内树木是我的最爱，因为它能够适应阳光，改变自身的形状。造型简洁的蜘蛛抱蛋也是经典——优美厚重的植物在黄铜花盆里健康成长，赏心悦目。

理查德从世界各地收集不同的花盆容器。
这些美丽的黄铜或青铜花盆来自土耳其和印度，其中一些以前是制糖罐。

PEPEROMIA OBTUSIFOLIA
圆叶椒草

PEPEROMIA CAPERATA
皱叶椒草

PEPEROMIA 草胡椒属

PEPEROMIA SCANDENS 'VARIEGATA'
斑叶垂椒草

PEPEROMIA ARGYREIA
西瓜皮椒草

小巧可爱的家伙，或许不是你的植物帮派中体形最大的，但是它们多变的叶片一定能弥补体形的不足。

尽管外形各异，这些小家伙始终可以用鲜嫩的叶片装饰你的生活。

西瓜皮椒草的魅力让人无法抗拒，甚至想来杯夏日鸡尾酒。

斑叶垂椒草垂下枝叶，令人心生怜爱。是时候登上草胡椒的列车啦！

CUPID'S PEPEROMIA

斑叶垂椒草 _____ **丘比特椒草**

这快乐的家伙在你的客厅垂下绿色与象牙色相间的心形叶片，让你的生活每天都像在开派对。俗称"丘比特"的它可真是个小天使，养护非常简单。它们太适合放在花架上，或者装饰一座单调的书架。跟我们一样，丘比特椒草也要定期饮水，但别让它呛着。把它放在明亮的地方，远离强烈的直射光。

LIGHT光照

明亮的间接光

WATER浇水

中等频率

SOIL土壤

排水良好

LIGHT 光照	WATER 浇水	SOIL 土壤
明亮的间接光	中低频率	排水良好

EMERALD RIPPLE PEPEROMIA

翡翠皱叶椒草 _____ **皱叶椒草**

皱叶椒草原产巴西热带雨林，它的名字来自叶片上深深的皱纹。坚韧的天性与对明亮光线的耐受度让这容易满足的美人成为最棒的室内植物。它很容易烂根，所以要确保土壤湿润，但要及时排水以免根部浸泡在水中。在温暖的月份，定期上一次浓度减半的肥料，能让它们达到最佳状态。

LIGHT 光照	**WATER** 浇水	**SOIL** 土壤
明亮的间接光	中等频率,喷雾	排水良好

西瓜皮椒草的最大特点就是它的叶片,也不难猜出这招人喜欢的小家伙的名字源自何处——厚厚的肉质叶片好像西瓜皮。尽管植株本身很小,叶子可以长得特别大,真是赏心悦目!你需要视情况调整光照和水分,不断地实验和观察直到掌握它的规律。坚持不懈,一切都是值得的。

西瓜皮椒草_____**西瓜草**

WATERMELON PLANT

BEGONIA 'IRON CROSS'
铁十字秋海棠

BEGONIA SYLVIA
西尔维娅秋海棠

BEGONIA 'BLACK COFFEE'
"黑咖啡"秋海棠

BEGONIAS 秋海棠

拥有美丽叶片的秋海棠能让你的植物帮派更古怪和快乐。
色彩鲜明的叶子是最主要的观赏部位，但它们也能开出娇艳的花朵。
美得像一幅画又易于养护，是时候认识这些有魅力的小家伙了。

BEGONIA MACULATA
斑叶竹节秋海棠

BEGONIA REX
帝王秋海棠

POLKA DOT BEGONIA

斑叶竹节秋海棠_____ **波点秋海棠**

斑叶竹节秋海棠叶片上生动的斑点让人愉悦兴奋，成为室内花园的亮点。戏剧化的银色斑点和小小的白色花朵是斑叶竹节秋海棠最有趣的特征。竹节一样的茎，习惯直立生长，但也会向外伸展，这意味着既可以把它悬挂起来，又能放在桌面上。其中最受欢迎的一个变种就是波点秋海棠，因其顽强的特性（当然还有美观），成为室内园艺的热门。

LIGHT 光照

明亮的间接光

WATER 浇水

中等频率

SOIL 土壤

排水良好

LIGHT 光照

明亮的间接光

WATER 浇水

中等频率

SOIL 土壤

排水良好

PAINTED-LEAF BEGONIA

帝王秋海棠＿＿＿＿彩叶秋海棠

又名彩叶秋海棠的这个品种，以装饰性强的几何叶片闻名。人们只关注它色彩鲜明的巨大叶片，相比之下花朵就没那么引人注目了。秋海棠属有一个根茎型分支（包含成百上千的变种），肉质根茎埋入土壤或匍匐于地表横走。这家伙喜欢湿润，但是别给叶子喷雾，不然会引发粉霉，影响叶片美观。可以把它与其他喜欢湿润的植物放在一起，或者放在盛有卵石的托盘上。

CU
TS
TI

多肉植物
与仙人掌

这些
迷人的舶来品
对城市生活
有惊人的
适应能力，
条件适宜的
情况下，
些许照料就能
让它们茁壮成长。

———

"多肉"指在叶茎存储水分、可以忍受长时间干旱的植物。多肉大家庭，包括仙人掌类和大戟属，是室内植物中最多变有趣的一个系列。它们原产自异域沙漠和热带雨林地区，从马达加斯加到墨西哥，甚至更远的地方都有它们的身影。多肉植物别具一格的美，特别适于为空间增加古怪趣味。这些迷人的舶来品，对城市生活有惊人的适应能力，条件适宜的情况下，些许照料就能让它们茁壮成长。

圆润多汁的叶片和艳丽的花朵，是多肉最值得骄傲的特征。如果我们有幸拥有一个阳光明媚的角落，那多肉就是最好的选择。从雕塑般的龙舌兰到蔓生的玉珠帘，这些易于养护的植物能增加趣味和质感，却无须过多回报。对园艺新手和经常忘记浇水的人来说，最好从它们开始植物收藏之路。多肉还有那么多可爱的变种，足够我们挑选。

仙人掌类与多肉植物的不同点在于，它们有小突起或刺座，其上着生刺或毛。看似邪恶的尖刺会帮助植物躲避自然天敌，也能让一些没有防备或有好奇心的人受伤。处理这些带刺的家伙的时候，一定要小心。

说到仙人掌，脑海中首先浮现出的一定是巨柱仙人掌矗立在沙漠的景象。鲜有人知的是，很多仙人掌实际上长在热带雨林，这也就意味着有截然不同的两种仙人掌，它们对光照和水分有不同的需求。

沙漠仙人掌是较大的一类。这些日光浴爱好者喜欢干燥炎热的环境，在室内最明亮的角落茁壮成长。越靠近光源的位置越好，向阳的窗台是最理想的位置。茎干的保水能力让它们长成了圆球形或圆柱形，其中就包括著名的金琥和高砂。

丛林仙人掌，就像它们的名字一样，原产中北美洲和东南亚的热带雨林。这些附生的森林居民常常从树冠上垂下来，或者悬挂在石头上以雨水和附近的腐烂植物——甚至它们死去的植株——为生。丛林仙人掌需要明亮且斑驳的光线，直射光会灼伤纤长的肉质枝叶。它们的刺通常隐藏得很好，常见的丛林仙人掌有槲寄生仙人掌和鱼骨仙人掌。

CARLY BUTEUX

卡利·比特

陶瓷艺术家和公共假日（Public Holiday）创始人

Ceramicist and founder of Public Holiday

∧ 从龟背竹到蔓延的多肉和仙人掌，这个古怪的家里，每个角落和缝隙都填满植物。
很多植物都长在卡利自己手工制作的陶瓷容器中。

跟我们聊聊你的情况吧，你的背景、职业和我们拍摄的植物空间。

我现在是一名独立陶土设计师，大部分时间都用来摆弄陶土，制作马克杯、茶杯和花盆等陶瓷物件。我的两只手一刻不停，从把黏土丢到转轮上，到亲手绘制陶瓷花纹，给它们上釉。我非常幸运拥有一个家庭工作室，在这里我既可以创作，又能和我的另一半乔和腊肠狗巴姆一起度过休闲时光。那是一个很老的街角小店，过去是肉店（可爱的邻居告诉我们的）。这里的水泥地和白墙虽然简单但绝不普通，因为我们可以尽情摆放喜爱的植物和手工艺品。还有一件很幸运的事情，我们的朋友（也是艺术巨星）乔治·希尔为我们在外墙画了一幅巨型壁画，让我们的小窝更有味道！

作为一名创意工作者，植物对你的作品和创意有什么影响？

我认为植物既能促进又会妨碍生产效率！让自己置身于绿色之中，最能营造一个舒适、有创意的工作空间。话虽如此，感觉焦虑的时候，检查植物、给它们换盆、分株是拖延症最好的借口。

你的很多作品都是植物的容器，跟我们说说你的日常陶瓷创作以及与植物的关系吧。

我的陶瓷创作始终与植物密切相关，而且我从事陶土创作的初衷就是想为我的植物们创造一个家。我觉得为活着的有机物建起一个家，看着它们在自己的作品中生长变化，特别有意义。我最喜欢的事情是看人们选择不同的植物搭配我做的容器，真是神奇。

∧ 一座梯子通向阁楼上朋友用回收脚手架做的床。梯子的另一个作用是花架。
∨ 工作室的架子上堆满了卡利的几何花纹的陶瓷作品，右上角是必然会出现的绿色叶片。

快节奏的数字化生活中，在花园中闲逛，或者照看室内花园，是回归自然的最佳途径。

你的家里和工作室都是植物。你认为植物对我们的空间和生活有什么作用？

植物让人们开心，我对此深信不疑！它不仅具有安抚心灵和净化空气的作用，还能让我们有机会慢下来。快节奏的数字化生活中，在花园中闲逛，或者照看室内花园，是回归自然的最佳途径。植物让我们有机会孕育、培养和享受一种平静的生活。

你最喜欢室内植物的哪些方面？

植物在空间中的作用是那么重要，说实话，以至于我们有些离不开室内的绿色了！总有新的植物搬回家，总有新的地方欢迎植物进入。给植物造型，不仅能充分利用店里我最爱的那些花盆（有一些我根本舍不得出售），还能激活植物周围的空间，装满或买来的或与其他设计师交换的手工艺品。

你怎么让植物快乐健康生长？

因为植物就在我们左右，所以很容易照看。我每天早晨都会坐在阳光里喝咖啡，放着喜欢的音乐。这时候最适合查看室内植物，看看它们是否需要浇水，或是放到后院好好晒个太阳。

你最喜欢的室内植物是什么？为什么喜欢它们？

好难回答的问题！我怎么选啊，这些植物都很特别呢！我不能不提我的仙人掌系列，还有垂下长枝条的丝苇。我投入很多精力照料的一株植物，是园艺大师托马斯·丹宁送给我的一小段窗孔龟背竹的插条。意料之外的慷慨让它更显特别，我一直在学习如何创造好的环境让它开心地成长。

❮ 卡利珍贵的多肉收藏在后院晒太阳。

∧ 在这个城中心的家园里，书本与自行车之间，观叶植物、多肉与仙人掌和谐共处。

RULES:
GREET THE LONG DOG
BRING LOVE
KEEP HAPPY PLANTS
NO CLOTHES IN THE HOT TUB

SANSEVIERIA 'MOONLIGHT'
月光虎尾兰

KALANCHOE
伽蓝菜属

AGAVE AMERICANA
龙舌兰

GASTERIA
鲨鱼掌属

SUCCULENTS

多肉植物

从前卫锋利的彩云阁到优雅的虎尾兰，这个多变且适应力强的种群，一点也不柔弱！鲜嫩的储水叶片，非同寻常的结构造型，这些坏家伙既好看又好养。很多品种不费吹灰之力就能繁殖，在适宜环境肆意生长，是手头不宽裕的室内园艺师的最佳选择。

EUPHORBIA TRIGONA
彩云阁

SEDUM
景天属

GRAPTOVERIA
风车草属

LIGHT 光照	WATER 浇水	SOIL 土壤
明亮的间接光	低频率	排水良好

CHAIN OF HEARTS

*爱之蔓*_____ **心蔓**

精巧的肉质叶沿着纤细的枝条生长，即便最坚硬的心也会被漂亮的爱之蔓拨动心弦。一串串小小的心形叶片和纽扣一样可爱的紫色小花从悬挂的花盆上垂下来，或端坐书架上，惹人喜爱。明亮的间接光，每半个月浇水一次，会让你的这些小心脏健康地跳动。爱之蔓的变种比较罕见，却也让人爱不释手。

CENTURY PLANT

龙舌兰_____世纪树

如果你喜欢异域植物的美感，却没有时间照料，那龙舌兰属植物就最适合你了。它们有各种形状、尺寸，色彩和质地不尽相同，所以最难的部分就是挑一盆带回家。龙舌兰的用处很多，可以制糖和酿酒。不出意料，它原产自美国和墨西哥。虽然英文名叫作世纪树（Century plant），但是它的寿命一般在20~30年。提醒一句：龙舌兰的枝叶有刺激性，有些还有锋利的尖刺，所以最好远离小孩和宠物。

LIGHT光照
明亮的间接光

WATER浇水
低频率

SOIL土壤
排水良好

LIGHT 光照

明亮的间接光

WATER 浇水

低频率

SOIL 土壤

排水良好

GIANT DONKEY'S TAIL

玉珠帘_____ **驴尾巴**

长长的多肉叶覆盖的枝干让这种景天植物得名驴尾巴，还有人叫它毛驴仙人掌。后者是个误称，因为它并不是仙人掌，而是一种多肉植物。然而，这看上去兴高采烈的小家伙能让你的植物帮派有不同的气质。玉珠帘是漂亮的蔓生植物，垂下绿豆一样的叶子，图中是它的变种，叶片更长更厚。花朵在夏末盛开，一串串红色、黄色或白色的花簇从枝叶中冒出来。这些家伙可以放在任何需要活跃气氛的书架或花架上。

MOTHER-IN-LAW'S TONGUE

月光虎尾兰_____ **婆婆的舌头**

它不会随便发表意见，你也不需要在它来之前把房间打扫干净。实际上，这位"婆婆"会让你家蓬荜生辉。它那修长迷人的叶片让家里变得明亮，笔直的造型让它成为最节省空间的室内植物。美国国家航空航天局的清洁空气研究表明，虎尾兰有极强的净化空气的能力，能够去除四种我们居住空间里常见的有毒物质。它也是为数不多的能够在夜间吸收二氧化碳的植物，让你夜晚睡眠更香甜。虎尾兰易于养护，是你非常乐于与之相处的"婆婆"。

LIGHT光照

中低强度

WATER浇水

低频率

SOIL土壤

排水良好

ZEBRA CACTUS

松之雪_____**斑马仙人掌**

松之雪原产于南非的东开普省，是小巧但生长极其缓慢的多肉植物，有完美的条纹图案。尖尖的叶子，几何图案，高度通常在15厘米左右。招人喜爱的松之雪，不出意外成为最受欢迎的多肉植物之一。带有异域风情，又吃苦耐劳，可以说是最棒的礼物。你常会在玻璃盆里或大学宿舍窗台上一字排开的茶杯里见到它们。

BLUE CHALK STICKS

蓝松_____ **蓝粉笔**

第一眼看见蓝松，你就会注意到它独特的颜色——海洋一般的蓝绿色，让这种多肉从千篇一律的绿色中脱颖而出。它们通常被当作坚韧的室外地表植物，所以无须太多养护就能轻松适应室内生活。蓝松产自南非，与其他多肉不同的是，它们通常在夏季休眠，冬季生长。切下一段放在土里就能繁殖，非常适合与朋友分享。

LIGHT光照
明亮的间接光和直接光

WATER浇水
低频率

SOIL土壤
排水良好

LIGHT 光照

WATER 浇水

SOIL 土壤

明亮的间接光

低频率

排水良好

STRING OF BEANS

弦月_____ **豆串儿**

如果你还没对多肉上瘾，那这种植物一定会让你入坑。来自南非的弦月，在沙漠和更热的气候都能生存。俗称豆串儿或者鱼钩串儿的这种带有异域风情的悬垂多肉，即便是最厉害的植物杀手也能养好。弦月不仅比它的近亲珍珠吊兰好养，还长得很快，没等你反应过来就快垂到地上了。有趣的是，弦月的花闻起来像肉桂，通常在晚冬或早春开花。

LIGHT光照

中低强度

WATER浇水

低频率

SOIL土壤

排水良好

OX TONGUE

鲨鱼掌属_____**牛舌草**

外形上与低调的芦荟并无不同，鲨鱼掌却更少见。这特别的家伙竟然被冠上牛舌草的名号，真有点同情它。Gasteria这个拉丁属名的意思是胃，也暗指它囊状的花朵，这也让人感觉遗憾。名字先放一边，这种又有趣又好养的倒霉蛋能忍受低光照条件，是适应力很强的室内植物。它们实际上和松之雪（见181页）需要的生长条件一样，所以两种植物可以成为最佳组合。

AFRICAN MILK TREE

彩云阁_____ **非洲牛奶树**

是仙人掌？不，是大戟！这类开花植物有2000多种，外形差异非常大。南非发现的是又长又高的品种，看上去很像仙人掌，不常见的碗形的是布纹球。这些美人艳丽又狂野，是家中最具话题性的植物。自然界中大戟属长在美洲和亚洲的热带，在非洲东南部以及马达加斯加也很常见。这些植物喜欢明亮，所以确保让它们享受高强度的间接光照。一般一周浇水一次，在较冷的月份可以减少浇水频率，但是它们不太喜欢太潮湿的环境，所以要确保土壤在浇水之前已经干透。如果你希望它们不断地长长长长，一年可以给它们换一次盆。每隔几个月施一次肥，也能促进生长。

COBWEB HENS AND CHICKS

蛛丝卷绢_____**蛛丝母鸡与小鸡**

看到它的人会觉得这些家伙被蜘蛛感染了（这里要配上蜘蛛恐惧症者的尖叫），其实它们身上蛛网一样的东西是遍布肉质叶的丝状物。长辈们都说，长在房顶上的蛛丝卷绢，能够保护屋里的人免受巫术和闪电之害。它们来自阿尔卑斯山、亚平宁山脉和喀尔巴阡山，因此虽然不常见，但是却能应付零下12℃的低温，另一方面还能忍受高达40℃的高温，真的像指甲盖一样坚韧。

LIGHT光照

明亮的间接光

WATER浇水

低频率

SOIL土壤

排水良好

LIGHT 光照	WATER 浇水	SOIL 土壤
明亮的间接光	低频率	排水良好

MEXICAN HENS AND CHICKS

拟石莲花属_____**墨西哥母鸡与小鸡**

排成莲座的叶子，好像永不凋谢的莲花。这种漂亮植物的属名来自墨西哥植物艺术家安塔纳西奥·爱彻丽维亚-戈多伊。它们喜欢聚光灯下的生活，所以要待在阳光明媚的地方。早晨的阳光是最好的，午后光线会太强烈。此外，这些家伙不喜欢大张旗鼓，无须过多照顾。浇水时避开莲座，直接把水浇到土壤里，及时去除死去的叶片，不然会招来粉蚧等昆虫。

DONKEY EARS

掌上珠_____ 驴耳朵

掌上珠有斑纹装饰的美丽丝绒叶片，生长快速的它能长到50厘米长，宽度跟人手差不多。叶片的形状和质地让它有了俗名：驴耳朵。

易于生长，适于观赏，开花的品种因为有了鲜艳的花朵而更具吸引力。这些家伙喜欢明亮的阳光角落，比如窗台。在花盆架子上展示它们性感的叶片，看上去更棒。

伽蓝菜属植物会向你表达它们的需求，所以要关注它们发出的信号——顶端的叶子耷拉下来，你的驴耳朵是要喝水了。尽管如此，这些家伙胃口不大，夏天每半个月浇水一次即可，冬季要降低频率。浇水间干间湿，夏天每两周施肥，最好是液体肥或缓释肥。

它的叶片看似诱人，实则具有毒性，所以别让你家宠物跑来咬上一口。

植物达人

KARA
RILEY

卡拉·莱利

摄影师

Photographer

∧ 卡拉的家里有一种波希米亚的气质。

恰好位于市中心的这个乡村小屋,装满了复古的小物件,书籍、好看的陶瓷,当然,还有很多植物。

跟我们聊聊你的情况吧, 你的背景、职业和我们拍摄的植物空间。

我以拍照为生是这几年的事，对摄影的热爱从小就开始了，我把它看作处理和欣赏事物的方式。我内心住着一位艺术家，这影响了我大部分的活动——不管是在素描簿上涂涂画画，阅读并深入思考一本好书，或是摆弄家里的植物给它们拍照。

我和我的另一半阿德里安、狗狗威洛住在悉尼西边，我们的房子是一栋建于19世纪70年代的铁匠小屋。第一眼看到这幢房子我就爱上了它，屋内有许多特别的角落可以放我的植物，屋内到处有漂亮的木质装饰。它让我想到乡间村舍，是我们忙碌生活中喘息的避风港。

植物一直是你的作品中最具吸引力的部分, 你对植物的爱是怎样开始的呢?

一年的海外生活结束之后，我带回来一台胶卷相机。我去哪儿都带着它，我们一起逛遍了悉尼市内各处有趣的地方。我认为这是一种回归，我开始注意到环境中很多美好的事物，特别是很多怪房子的前院花园和花园里满满的植物。我喜欢欣赏人们的植物收藏，有些打理得井井有条，还有很多是意外所得或随意放置——多半是偷偷拿来的多肉枝条和野草种下去之后开出了漂亮的花朵。我对植物着迷了!

你为什么这么热爱植物摄影?

我喜欢植物，因为它们跟人一样有个性，而且随时欢迎我给它们拍照。我喜欢靠近它们，观察细微的特征——这让我记得要慢下来，静静观察。一旦我开始熟悉各种植物，在哪儿都能观察它们，甚至是在意想不到的地方。我喜欢拍那些特立独行的植物，把人们的注意力引向城市生活与自然世界的鲜明对比。停车场顽强生长的野草，可真美啊!

你的家里有一座生机盎然的室内丛林。你认为植物在我们的空间和生活中有什么作用?

植物确实让我感到快乐！它们有能力让室内氛围焕然一新。家里的自然一角能让人平静，城市生活尤其需要这些。我认为，哪怕只有一株植物去照顾和欣赏，都能让我们受益匪浅。植物对健康的好处更多，不仅能净化家里空气，有些草药还有很棒的疗愈能力和药用价值。

你怎么让自己的植物开心健康地成长?

我喜欢了解每一株植物，密切关注它们的需水频率，或是把它们移到适合的位置。我会依据想象中的个性给我的植物起名字，浇水的时候会顺便跟它们好好聊个天。

有没有什么设计室内植物的诀窍?

选择适合的花盆是关键！我喜欢寻找奇特的容器，比如用二手店淘来的铁皮罐或小坛子代替普通花盆，或是把盆放到柳条花篮里。我还喜欢把枝叶剪下来放到水中，用透明的玻璃瓶展示它们，看根茎生长，多棒啊！在理想的世界里，室内各个角落都会有充足的自然光线让植物生长，聚集在窗户附近也很好。还有一些植物被我放在踏脚凳或小件家具上，家具靠近窗户让它们接受阳光。

你最喜欢的室内植物是什么?为什么喜欢它?

我最喜欢绿萝，尤其是它的变种。绿萝很容易生长和养护，我喜欢它们从天花板上垂下来或者爬满整个房间，看上去比实际上更大，空间也变得丰富了。

^ 植物达人们有一个共同点：他们也会养狗，而且狗狗们会发现自己名字很可能就是一种植物。

看，小威洛（WILLOW，柳树）正透过卡拉最喜欢的红金钻偷看我们。

OPUNTIA MICRODASYS 'RUFIDA'
红毛掌

SELENICEREUS ANTHONYANUS
鱼骨昙花

MAMMILLARIA ELONGATA
金手指

CACTI
仙人掌类

有刺、具备雕塑感和冷幽默的仙人掌，是会忘记浇水的养花人的首选。从圆球状的金琥到有长长手臂的海星花（即大花犀角），选择应有尽有。那为什么不养一盆呢？因为，它们会扎手，但是这些尖刺同样能够抵御天敌，而且它们鲜艳的花朵也会如你所愿回报你的付出。

STAPELIA GRANDIFLORA
大花犀角

ECHINOCACTUS GRUSONII
金琥

MAMMILLARIA BOCASANA
高砂

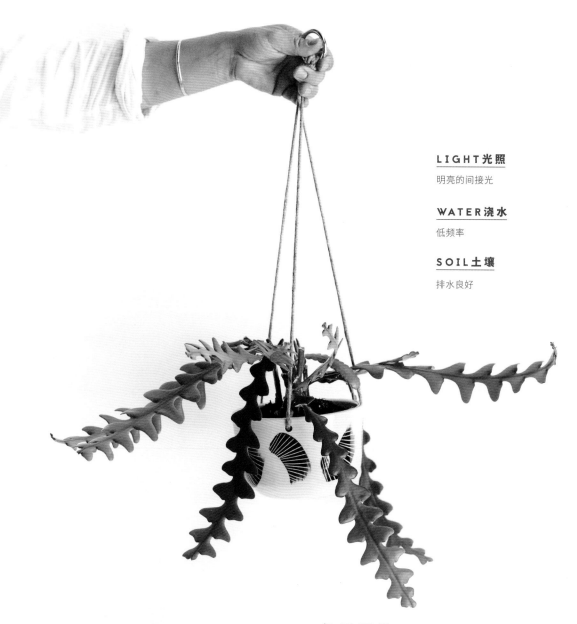

LIGHT 光照

明亮的间接光

WATER 浇水

低频率

SOIL 土壤

排水良好

FISHBONE CACTUS

鱼骨仙人掌＿＿＿**鱼骨昙花**

鱼骨昙花的造型让人为之倾倒，因为有锯齿状的叶片又被称为锯齿仙人掌。它还有一个优点就是易于养护，因此成为居住空间的最佳装饰。附生的鱼骨令箭确实会开花，但是只在夜里开放且仅持续24小时，所以要看到花苞就要注意啦。不管是和其他悬垂植物组合到一起还是单独挂起来，都好看，而且它们的适应力特别强。一定要小心藏在叶片内缘的尖刺，我们可是吃过苦头的！

GOLDEN BARREL CACTUS

金桶仙人掌_____ **金琥**

因金色的棱和尖刺而得名的金琥（又名金桶仙人掌）是最容易养在室内的仙人掌。来自美国南部和墨西哥沙漠地区的它们喜欢干燥炎热的气候。种到上好的仙人掌盆土中，你就一劳永逸啦。这些家伙能活30年，虽然生长缓慢，但是它们会回报你的恒心，在20年后开出花朵！远离潮湿，保证土壤排水良好，这样你的金琥就会开心地成长。不要让土壤浸水，或者盆底留有任何水分，这样它们一定会烂根。

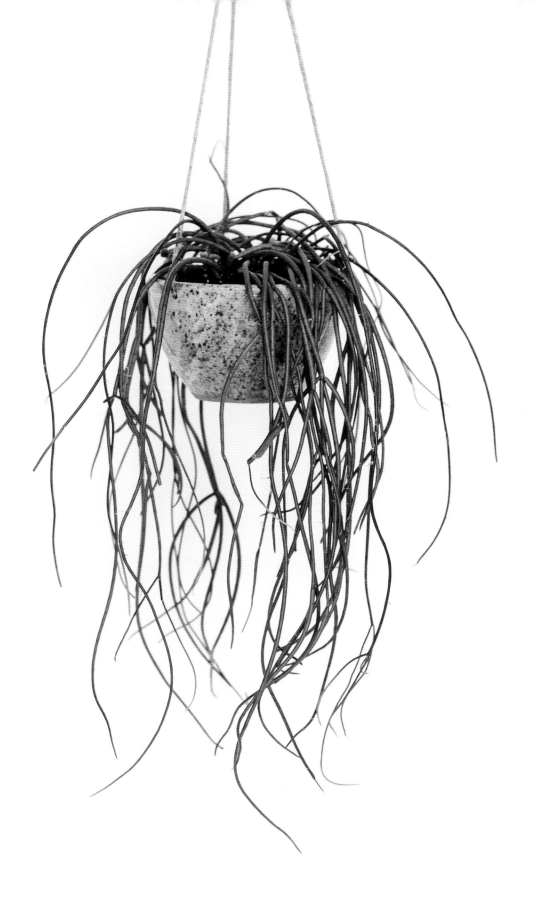

LIGHT 光照

WATER 浇水

SOIL 土壤

中低强度

低频率

排水良好

丝苇和治疗乐队[1]的罗伯特·史密斯的发型一模一样，它们还喜欢屋里的黑暗角落，或许正是你的房间需要的哥特绿植。

丝苇喜欢潮湿的环境，所以它们可以装饰你的浴室。另外，如果你想在没有窗户的格子间里来点绿色，它能成为你最好的桌面伙伴。丝苇需要浇水，但是和其他仙人掌一样，讨厌泡在水里。它们是丛林仙人掌，因此直射光对于那一缕缕多肉茎来说太过强烈，要把它们放在有温和的间接光线的地方。

槲寄生仙人掌_____**丝苇**

MISTLETOE CACTUS

---

[1] THE CURE乐队，成立于20世纪70年代末期的摇滚乐队，并在80年代中后期与90年代早期辉煌一时。罗伯特·史密斯是乐队屹立不倒的灵魂，以哥特造型著称。

GEORGINA REID

乔治娜·瑞德

《植物猎人》创办者和编辑

Founder and editor, The Planthunter

^ 乔治娜鼓励她的植物自由、自然地生长。它们就像她本人，质朴狂野。
包罗万象的植物收藏让她的工作室仓库有了一种粗放的丛林感。

没有植物，
就没有我们，
这是促进我们
与植物共生的动力。
这就够了，
不是吗？

——

《植物猎人》这本刊物探索植物与人的关系。人们如何从充满植物的生活中获益呢？

人与植物的感情纽带，很难表述或者量化，却出乎意料的深刻。首先，没有植物，就没有我们，这是促进我们与植物共生的动力。这就够了，不是吗？其次，照料植物让我们感受到所有生命之间的微妙连接。诗人斯坦利·库尼兹曾说过，"宇宙是一张连续不断的网，触碰任意一点，整张网都会颤抖。"我很喜欢这句话，因为它诠释了生存令人窒息的美与脆弱，以及所有生命的内在连接。植物和园艺活动，以一种特别的方式让我们学会对生命的洞察。

反过来说，植物与人共生能获益吗？

我觉得这取决于背景。一株室内植物需要人的照料，不然它们会因饥饿而经历漫长的死亡。但是人，无疑，并非一直对植物有益。我脑海中出现的画面是：成百上千的树，高耸静默地矗立在森林里、河流边和荒蛮之地，存活了好几个世纪的它们因为人类无止境的欲望，被夷为平地。植物没有因为人的陪伴而获益。

你最喜欢的室内植物有哪些？

我喜欢球兰，它们精巧、美丽又坚强。也喜欢丝苇，我养了特别多这种植物，还有斑丝苇和草胡椒等等。我爱我所有的植物，生生不息的植物群落就在我的客厅和厨房里。

你养护植物的头号法宝是什么?

不要过度浇水!一定记得,室内生活对植物来说很艰难,实际上没有真正意义上的室内植物。能在室内存活的植物,不过是能忍受低光照和艰苦的环境而已。不时把它们搬出去放个假;如果没法实现,就把它们放到浴室淋浴!

你认为植物激发了你的创造力吗?能不能聊聊整个过程?

当然!我一直热爱植物与自然,并且深受启发。我还是孩子的时候,就开始插花,帮我妈妈打理花园。长大后,我为别人设计花园,记录我的植物和创意,创办《植物猎人》这本杂志。植物就是我的一部分,它们是我的缪斯。

∧ 骄傲地站在通往天堂的阶梯上,乔治娜被她引以为傲的植物收藏包围,
有蕨类、秋海棠、喜林芋、丝苇,还包括植物书籍和一些招摇的蒲苇的草穗。

STARFISH CACTUS

海星仙人掌_____ **大花犀角**

美丽，但是对鼻子不友好，这种快速生长的直立的植物，有一种特别的技能来吸引昆虫。与食虫植物（但并非真正的肉食者）类似，它们壮观的花朵散发出腐肉的恶臭，吸引苍蝇落下产卵。最好保持一定距离来欣赏开花的景观！所以，你的大花犀角开花的时候，把它们放到高高的架子上。尽管无须过多养护，大花犀角根部很容易生虫，所以要保证土壤排水状况良好，视情况浇入添加内吸杀虫剂的水。冬季就停止浇水。

LIGHT光照

明亮的间接光和直射光

WATER浇水

低频率

SOIL土壤

疏松的沙质土

LIGHT 光照

明亮的间接光

WATER 浇水

低频率

SOIL 土壤

疏松的沙质土

POWDER PUFF CACTI

粉扑仙人掌＿＿＿**高砂**

高砂是一种外形甜美的仙人掌，200多种变种之中一定有一种适合你。来自美国西南部和墨西哥沙漠地区的球形仙人掌生长缓慢，是室内花园中最省心的植物。小巧可爱的它们，高度在1~40厘米之间，宽度在1~20厘米之间。除了外形招人喜爱，仙人球的顶部还会开出粉色或紫色的花朵，因此荣获最受欢迎小仙人掌的称号。冬季停止浇水能够促进开花。

LIGHT 光照	WATER 浇水	SOIL 土壤
明亮的间接光和直射光	低频率	疏松的沙质土

BUNNY EARS CACTUS

兔耳朵仙人掌_____黄毛掌

兔子耳朵一样的茎节和非常容易照料的特性，让这个小可爱成为最棒的一种室内植物。但是注意啦！这些小家伙有武器，它们的刺比人的头发还要细，轻轻一碰就会大量脱落，这很危险！这些刺会让皮肤感觉不舒服，所以靠近的时候一定要小心。春夏时节，每两次浇水就给它们一些稀释的肥料，家用肥或是仙人掌配方肥都行。有时它们会受到害虫的侵袭，比如粉蚧和介壳虫，可以用棉花球蘸取酒精去除这些害虫。每1~2年给黄毛掌换盆。此外，这些植物很容易繁殖，取一块多肉的茎节，让切口风干几天，然后插入仙人掌和多肉的盆土中。等至少1~2周生根之后再固定给它们浇水。一旦生根，浇水不要太频繁，秋冬季每3~4周浇点水就行；说真的，不能再多了。

RE +
SUAL
NTS

稀有品种

还有很多植物并不能直接归入常见植物种类之中，但是它们仍旧值得关注。这一章向您介绍一些不常见却很有趣的植物，献给那些追捧特殊植物的人。

没有土壤也能生存的植物，这毫无疑问让人着迷，空气凤梨就是这样。它们是附生植物——附着在其他植物（或者石头和建筑物）上，从附近的空气、水和碎屑中吸取养分。它们与寄主形成和谐的共生关系，双方都从中受益。

摆脱盆土的限制，展示这些奇妙植物的方式有无限可能。可以用最细的渔线把它们吊起来，组成一个几乎悬空的花园，或者让它们停留在铁丝花架的顶端，不管怎样这些迷人的几何形植物都能让你的空间增色不少。

食虫植物也是本章的特色。因为不是一般的室内植物，要花更多精力才能寻得。同收集兰花一样，寻找和照料食虫植物也会让人上瘾。很快你的家里就满是这类植物。赶紧行动，抢占先机！

大概浏览一下社交网站，就知道镜面草有多火了。我们觉得它值得单独拿出来说一说，不仅因为很难得到，还因为它背后有一个动人的故事。源自中国的镜面草，经由一次次善意的举动，一路竟然走到斯堪的纳维亚半岛乃至更远的地方。相传，1946年挪威传教士阿格纳·埃斯佩格林把这漂亮的植物从中国带回挪威。在穿越本国的回程之旅中，阿格纳把镜面草的枝叶赠送给各路朋友，让它遍布故乡各处。如今，镜面草成为挪威常见的窗台植物，且有了一个广为人知的名字：传教士草。

很快你就会对收藏稀有植物品种上瘾，你会在苗圃、网络和车库拍卖（garage sales）[1] 等各处搜寻难得一见的植物宝藏。第一次将一种稀有植物纳入自己的收藏是最有成就感的时刻，赶紧开始搜寻吧！

**很快你就会
对收藏
稀有植物品种
上瘾，
你会在苗圃、
网络和车库拍卖等
各处搜寻
难得一见的
植物宝藏。**

---

[1] 在私人住宅的车库里举行的旧货出售活动。——译者注

空气植物

造型独特又易于养护（这些家伙甚至不需要土壤），空气植物让你的植物收藏变得有趣且特别。空气植物的造型丰富迷人，有从美国南部老树上喷涌而出的松萝铁兰，也有疯狂扭曲的亚历克斯铁兰。美国南部、墨西哥、中南美洲是它们的老家，从分类上来说它们属于凤梨科。

给空气植物浇水有很多方法。最常见的就是定期把植株浸泡在水里（频率和浸泡时间长短见植物详细介绍），还有更快的过水法。无论用哪种方法，浇水后一定要把它们倒过来，轻轻地抖掉多余的水分，让植株完全干燥（最好干燥一夜），然后再放回原处。新买回家的植物一定要浇水，因为在运输过程中植株可能有些脱水。如果天气特别热，你可以在浇水之前给它们喷雾。要注意的是，它们不喜欢氯化水，所以自来水要静置24小时再用。

空气植物喜欢微风，所以要让它们保持通风。一般来说，绿色的空气植物干得更快，银色的空气植物更耐旱。

快乐的空气植物会陆续开花，花谢之后把它们轻轻剪下。空气植物也能长出子株，一旦长到母株的一半大小，轻轻地把它们从母株分离，就变成一棵独立的植物，就是这么简单！

空气植物挂在精巧的容器中特别漂亮，端坐在花盆中也很好看（记得去掉土壤就行）。一组空气植物放在一起，或是让它在你的咖啡桌或书架上独坐，都是不错的选择。

空气植物超过650种，所以我们选择了其中一些最受欢迎的种类，激发你对它们的兴趣，把这些迷人的小家伙纳入你的植物收藏吧。

︿霸王凤梨是备受喜爱的一种空气植物。

LIGHT 光照

明亮的间接光

WATER 浇水

高频率

SOIL 土壤

保持湿润

PITCHER PLANT

瓶子草属_____ **瓶子草**

这些食虫植物真值得一看。管状小喇叭，美丽的色彩，纤长精致的花朵，总是让人想到电影《三尖树时代》。它们的老家在美国和加拿大的沼泽地区，花蜜、气味和色彩会引诱昆虫进入陷阱，然后把它们溺毙在瓶底。这种植物会释放消化液，帮助分解昆虫转化为植物的养分（氮和磷）。最好及时剪去死去的叶子，让植物保持整洁。除了定期浇水之外，在托盘里加点水，保持土壤湿润。它们的魅力令人难以抗拒，你一定会被吸引。

CHINESE MONEY PLANT

镜面草_____ **中国铜钱草**

备受欢迎却难觅踪迹的镜面草，霸占了世界各地的品趣志（Pinterest）版面。尽管很难追寻，却值得你一试！这些小家伙或许只有30厘米高，但是醒目的圆形叶片总是让人联想到煎饼，这也是它备受欢迎的原因，还因此得名煎饼草。这种植物最棒的特性之一就是容易繁殖，你可以与热爱园艺的朋友分享。小的植株会从根部附近冒出来，一旦长到至少5厘米高，就可以用锋利的小刀将它切下放到水中或者湿润的土壤中。六周之内就能生根。

还有一些小建议：旋转你的镜面草，这样它们才能长势均匀；不要让它们浸泡在水里，容易烂根。

LIGHT光照
明亮的间接光

WATER浇水
中等频率

SOIL土壤
排水良好

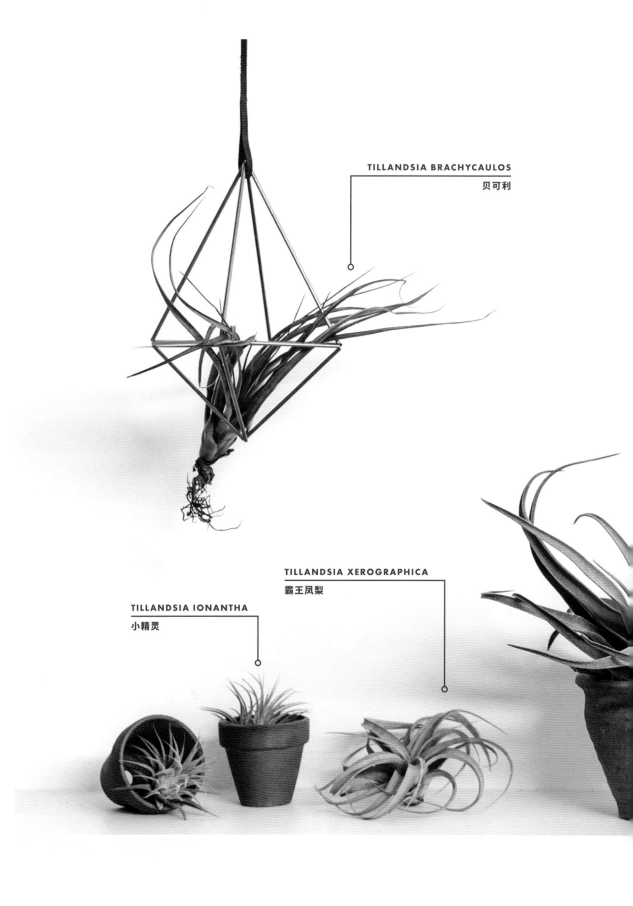

TILLANDSIA BRACHYCAULOS
贝可利

TILLANDSIA XEROGRAPHICA
霸王凤梨

TILLANDSIA IONANTHA
小精灵

AIR PLANTS

空气植物

植物不需要土壤听起来有点儿疯狂，但是这些有趣的家伙有力地证明了植物的这种能力——仅仅依靠水、空气和老年植物组织就能生存。作为附生植物，空气植物与它们附着的植物建立和谐的关系，这意味着它们既可以在一株巨大的成年桉树的一个角落安家，又能长在家中窗帘杆上垂下的黄铜风铃上。

TILLANDSIA STREPTOPHYLLA
电烫卷

TILLANDSIA STRICTA
多国花

SPANISH MOSS

松萝铁兰————— **西班牙水草**

松萝铁兰是最常见的空气植物之一，又名西班牙水草、老人须或树发，所以不难想到它们长什么样子了。在原产地，它们会优雅地从树上垂下来；在你家里，它们也能挂在钩子上或架在书架顶端。不管在哪里，松萝铁兰都能轻松实现最佳装饰效果。没有土壤的需求，松萝铁兰最需要的是定期喷雾和良好的通气，因为它们喜欢在微风中招摇。

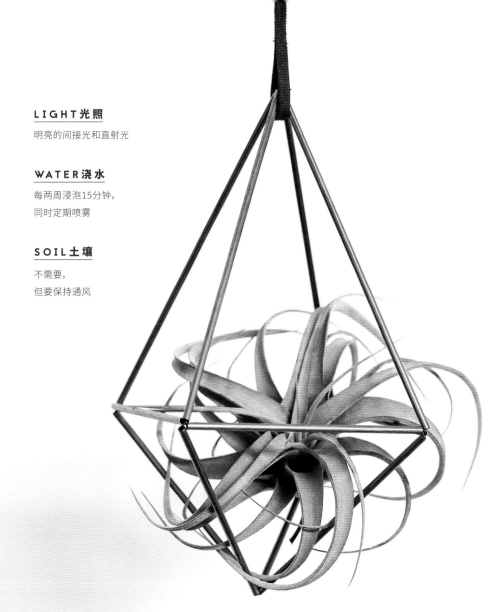

GIANT TILLANDSIA

巨型空气凤梨_____**霸王凤梨**

大胆的银色叶片，底部略宽，顶端逐渐变细，组成一个卷曲的玫瑰花蕾，霸王凤梨是引人
注目的植物收藏。它们比其他空气凤梨要大得多，从悬空的花盆中伸出枝叶，或是从书架
一角垂下来，看上去特别棒。还有一点很棒，它们的花期特别长，你有充足的时间去欣赏它
们可爱的粉紫色花朵。

LIGHT 光照	**WATER** 浇水	**SOIL** 土壤
明亮的间接光	每两周浸泡30分钟， 同时定期喷雾	不需要， 但要保持通风

SKY PLANT

小精灵＿＿＿天空树

这个小家伙原产自中美洲和墨西哥。小精灵一开始是银绿色叶片，之后进入花期会慢慢长成漂亮的粉红色。不久之后，紫色的嫩枝带着娇嫩的金色花蕾冒出来，给这漂亮的小家伙加上一顶皇冠。它们在任何空间都能自成一派，不管是单独悬挂还是放到室内丛林中。你可以为它们购买漂亮的迷你吊盆，或者用浮木、铁丝发挥自己的创意。

TILLYS

多国花＿＿＿＿**提利斯**

在野外，这些坚忍的家伙既能长在沙丘里，也能生在树上，是空气植物中最结实的变种之一。多国花的花期在夏天，长出艳丽的粉色叶片和娇嫩的紫色花朵。尽管花期很短，但有彩色的叶片先于花朵冒出来，所以观赏期实际上延长到三个月。之后，侧芽会逐渐发育，盯着它们，一旦成熟立刻把它们与母株分离。

LIGHT 光照

明亮的间接光

WATER 浇水

每周浸泡1～2次，
每次30分钟

SOIL 土壤

不需要，
但要保持通风

LIGHT 光照

明亮的间接光

WATER 浇水

每隔几周过水一次，
不定时喷雾

SOIL 土壤

不需要，
但要保持通风

SHIRLEY TEMPLE

电烫卷_____ **秀兰·邓波儿花**

这一团乱糟糟的空气植物，因为长得像邓波儿的一头卷发而得名。这美人儿来自墨西哥南部、危地马拉和洪都拉斯的野外，蜂鸟和蝙蝠帮它们传粉。粉色和紫色的花朵，又给它们增加了美的维度。电烫卷比一般的空气植物更喜欢干燥的环境，也更喜欢过水[1]而不是浸泡。

---

[1] 过水：准备一桶水，手拿空气凤梨在桶里涮一圈，待其吃透水，然后捞出来轻甩或者倒挂。

植物达人

JIN
AHN

金安

伦敦温室档案馆的联合创始人

Co-founder, Conservatory Archives

^ 一走进伦敦温室档案馆,你的感官就被大量绿植填满,从地面到挑高的房顶,每个面都被绿色覆盖。
真是令人印象深刻的绿洲。

跟我们聊聊你的情况吧，你的背景、职业和我们拍摄的这个植物空间。

我在韩国首尔出生长大，那是世界上最拥挤的城市。为了提升英语水平，2010年我搬到英国，与此同时也改变了我原本时尚设计师的职业。

在英国乡间度过的时光非常具有启发性。来自钢筋水泥的大城市的我认为，如果可以与自然共事，以后会活得很开心。所以，我决定学习园艺。

我以为自己会在植物园或苗圃里工作，但是英国的天气让室外工作变得不切实际。拿到学位搬去伦敦之后，我突发奇想，利用过去的经验和设计背景去开设一家商店——大城市里的室内花园，于是温室档案馆诞生了。

你怎么想到开设温室档案馆的？这对你来说意味着什么？

拿到园艺学位之后，发现人们对室内园艺鲜有关注，伦敦没有商店和企业专门做室内植物的生意，这让我感到奇怪。首尔的生活方式与这里不同，大部分人都住在高楼大厦里，根本没有室外花园。所以，我成长的过程中，看到很多室内植物。伦敦东区有创意的当地人非常支持我们的做法，看来，我们做了正确的决定。

你的设计背景对你的植物工作有何影响？

我的设计背景以及大城市的成长经历，意味着我在室内感觉非常舒服。我喜欢看到植物长在建筑物里，被家具和其他东西包围。我对设计和复古家具的兴趣，显然影响了温室档案馆的想法，以及最后档案馆的外观与氛围。我认为选植物与选一件家具并无不同，所以为什么不在同一空间完成两件事呢？

如果可以与
自然共事，
以后会活得很开心，
所以学习园艺
是最合适的选择。

植物是不是在你的生活中扮演重要角色？

我妈妈一直喜欢室内园艺。她喜欢多肉植物，我们在首尔的家里都是这种植物。但是直到远赴英国追寻自己的事业，我才开始考虑以植物为生。远离首尔的喧嚣，沉浸在自然中，我开始意识到与自然连接的重要性，这对城市居民来说尤为重要。

你最喜欢的室内植物是哪些？为什么？

要说的太多了。我喜欢有很多分枝的植物，它们看起来像雕塑。在帮助人们选择植物的时候，我喜欢让他们考虑空间的光照强度以及自己的生活方式。如果你有一个阳光灿烂的窗台，可以从小的多肉植物开始，它们会原谅你长达一个月的疏忽（所以不要过度浇水啊）。

∧ 两位创始人金和贾科莫精心照料伦敦东区店里的植物宝宝。

浇水就够累的了，好多植物要浇水啊！

ABOUT

作者介绍

《室内绿植完整手册》这本书是两位好友兼狂热植物爱好者合作的成果。劳伦·卡米雷利是杂志艺术总监，擅长室内植物设计，经营一家线上的植物设计公司——多默斯植物园（Domus Botanica）。索菲娅·卡普兰是植物和花艺设计师，经营以自己名字命名的花艺设计公司——索菲娅·卡普兰植物与花艺（Sopia Kaplan Plants & Flowers），并创建博客"秘密花园"（The Secret Garden）。

"逛早市，在不为人知的苗圃中寻找最健康、最性感的绿植，这让我们兴奋不已。我们同本地陶瓷艺术家、制造商和创意设计师合作，共同设计独一无二的花盆和装饰，这是室内设计爱好者最喜欢的东西。被绿植环绕，生活会感觉更棒。于是我们用《室内绿植完整手册》这本书分享对植物的热爱。"

劳伦·卡米雷利
我的父母是狂热的园艺爱好者，他们一直在扩展我家后院的花园。离家之后，我一直住在公寓里，却也想培育自己的室内绿洲。说起来容易，做起来难。

我都不知道有多少多肉死在我手中，直到有一天我买到一株特别好的小龟背竹。我下决心要养好它，不能让它也被丢进垃圾桶。我开始研究怎么照料室内植物，逐渐明白一些简单的技巧，让我的植物免于过去的悲惨命运。这盆龟背竹不仅活了下来，还长大了！新叶子一片片长出来，我的信心也逐渐增长，我相信自己可以从植物杀手变成植物能手。也就是从这盆龟背竹开始，我的室内丛林逐渐壮大。

索菲娅·卡普兰
我最期待的事情就是去看望我爷爷，因为他总是让我们在他的花园劳作。爷爷对种植食用植物充满热情，他甚至在院子中间种了一棵澳洲坚果树。我喜欢在泥土里忙碌，园艺对我来说具有特别的疗愈功能。看着植物生长，自然施展它的魔力，真让人开心。我尽量让自己生活在绿色之中。照料社区花园里的一块地，让自己家里充满植物，满足了我每天与自然接触的渴望。

劳伦的园艺技巧: 劳伦有室内设计的学位，平面设计是她的天赋，对植物的热爱也一如既往，她的职业就是为每一个角落搭配合适的植物，让它们自在生长。她对陶瓷的痴迷，几乎成了一种病。

灵魂植物: 龟背竹。几何形的光滑叶片是设计师的最爱。但它绝不是徒有其表，龟背竹特别健壮，稍加养护就能让它们欣然成长。

索菲娅的园艺技巧: 种植和设计植物是索菲娅的全职工作，同时她还用花朵为客户创造野味十足的自然景观。她喜欢建立有创造性的关系，同时为所有植物爱好者寻找各种不常见的植物。

灵魂植物: 猪笼草。这些美不胜收却又非常接地气的植物很快就成为植物收藏家追捧的对象。

THANKS

我们动笔的念头
是创造一个
植物爱好者协会，
这本书就是
我们的
入会誓言。

致谢

有人请你写一本书，这机会让人无法拒绝。我们非常感谢保罗·麦克奈利给我们这个机会以印刷品的形式与大家分享对植物的热爱。一份沉甸甸的谢意要献给露西，是她把我们的碎碎念变成了文字，帮助我们撰写一份逻辑通顺的指南，希望能帮助你们更好地与植物一起生活。

我们动笔的念头是创造一个植物爱好者协会，这本书就是我们的入会誓言。假如没有这些与我们臭味相投的植物迷的帮助，这一切根本不可能完成，他们是：艾玛·麦克弗森，塔妮·卡罗尔，卡拉·莱利，理查德·安斯沃斯，泰丝·罗宾森，乔治娜·瑞德，卡利·比特和乔·多德，金安和贾科莫·普拉佐塔，简·魏和哈丁·汉森，谢谢你们让我们进入你们的绿色空间，分享与室内植物一起生活的经验。

感谢令人尊敬的种植者，你们在温室中辛勤工作，培育和照料最美的植物，我们迫不及待地把它们放到这本书中。苗圃里我们边喝茶边听你们分享植物的各种知识，让我们备受启发也备感珍惜。

一本书的诞生一定是一群很棒的人共同努力的结果。这里要向我们的朋友和家人致敬，尤其是我们的另一半安东尼和迈克尔，他们在我们写作、规划、收集资料、拍摄和设计图片的过程中一直给予支持与包容。还有我们的父母，莫瑞、理查德、詹尼斯和路易斯，谢谢他们一直支持本书的写作以及我们的所有其他事业。还有很多人帮助我们审阅本书，让我们拍照，把家和工作室借给我们，我们对此感激不尽。

不过，我们最要感谢的是传奇摄影大师：路易莎·布林布尔。她的热情自始至终饱满充沛，她拍摄的作品捕捉到植物、空间和人的最完美状态，是这本书的基石。我们想与她一起创造更多美丽的植物形象！

^伦敦东区的温室档案馆一角,观叶植物和多肉聚在一起,享受透过窗户照进来的斑驳晨光。